黔东南侗族建筑艺术研究

Study on Architectural Art of Dong Nationality in Southeast Guizhou

杜怡蒙◎著

中国建筑工业出版社

图书在版编目（CIP）数据

黔东南侗族建筑艺术研究 = Study on
Architectural Art of Dong Nationality in Southeast
Guizhou / 杜怡蒙著 . -- 北京：中国建筑工业出版社，
2024. 8. -- ISBN 978-7-112-30211-6

Ⅰ. TU-092.872

中国国家版本馆 CIP 数据核字第 2024LV7419 号

数字资源阅读方法

本书提供全书图片的电子版（部分图片为彩色）作为数字资源，读者
可使用手机／平板电脑扫描右侧二维码后免费阅读。

操作说明：

扫描右侧二维码 → 关注"建筑出版"公众号 → 点击自动回复链接 →
注册用户并登录 → 免费阅读数字资源。

注：数字资源从本书发行之日起开始提供，提供形式为在线阅读、观看。如果扫码后遇到
问题无法阅读，请及时与我社联系。**客服电话：4008-188-688**（周一至周五 9:00—17:00），
Email：jzs@cabp.com.cn。

责任编辑：李成成
责任校对：王　烨

黔东南侗族建筑艺术研究

Study on Architectural Art of Dong Nationality in Southeast Guizhou

杜怡蒙　著
*
中国建筑工业出版社出版、发行（北京海淀三里河路 9 号）
各地新华书店、建筑书店经销
北京雅盈中佳图文设计公司制版
北京中科印刷有限公司印刷
*
开本：880 毫米 × 1230 毫米　1/32　印张：$7^3/_8$　字数：169 千字
2024 年 8 月第一版　2024 年 8 月第一次印刷
定价：**45.00 元**（赠数字资源）
ISBN 978-7-112-30211-6
（43555）

前 言

　　黔东南侗族建筑艺术是建立在血缘关系基础上的聚落形态，因此呈现出独特的族群面貌，其建筑聚落的空间布局以及建筑形态是适应黔东南侗族聚集区的地理环境、社会组织结构、稻作方式、精神文化的结果。黔东南侗族建筑凝聚着侗族的文化积淀和宇宙观，是侗族先民智慧的结晶，是技术和艺术完美结合的视觉艺术形态，其建筑形态是视觉艺术的表现方式，是建筑的空间构成、空间功能划分、建筑艺术特征、装饰图像等共同构成的一个精神意义的载体。

　　本书采用实例论证的研究方式，通过大量的田野考察从多方面进行实例收集。一方面，收集历史资料的记载；另一方面，收集和记录村寨里当地居民的口述资料。探索并完善了侗族建筑艺术的框架体系，在建筑史和社会史研究框架的基础上运用图像学的研究方法，对黔东南侗族建筑的形态、空间、功能进行分析，同时对黔东南侗族建筑艺术装饰图像的象征意义进行深入探析，试图探索隐喻图式背后的精神信仰。

　　本书的第一部分为绪论（第1章），梳理了国内外文献及相关的基础理论，在对文献梳理的基础上探寻黔东南侗族建筑艺术图像学的研究方法；本书的第二部分（第2章）从历史、文化、社会等角度分析侗族建筑形成和发展的脉络，并且对黔东南侗族建筑文化的生成基础进行分析描述，属于"前图像志描述阶段"；本书的第三部分（包括第 3 章和第 4 章）属于"图像志分析阶段"，运用建筑类型学的研究方法对黔东南侗族建筑艺术的聚落分类、建筑空间类型进行分析，进而探索黔东南侗族建筑的艺术语言和美学意蕴；本书的第四部分（第 5 章）是"图像学解释阶段"，通过解读侗族建筑装饰上大量视觉图像的象征意义，探寻黔东南侗族建筑装饰背后隐喻的侗族精神信仰图式；本书的第五部分（第 6 章）基于大量的田野调研和资料，结合黔东南侗族建筑艺术的时代变迁与濒危现状提出一些保护性建议。

黔东南侗族建筑艺术的装饰图像共同架构了一个完美的侗族精神追求图式，反映了侗族人民的精神信仰与审美趣味，蕴含着侗族人民强烈的族群意识和生态审美观念。随着时代的发展与进步，这种承载着侗族智慧结晶的建筑艺术逐渐消亡。本书基于建筑遗产保护的理念，探索新的研究方法和思路，并且针对黔东南侗族建筑艺术的濒危状况提出保护建议。

本书为 2022 年贵州省艺术科学规划项目"都柳江流域侗族传统建筑图像志研究"成果，项目编号：22BF09。

目 录

第 1 章　绪论

　1.1　研究背景与动机　/002

　　1.1.1　研究动机　/002

　　1.1.2　研究背景　/003

　1.2　研究范围与内容　/007

　　1.2.1　研究范围　/007

　　1.2.2　研究内容　/008

　1.3　研究目的及意义　/009

　　1.3.1　研究目的　/009

　　1.3.2　研究意义　/010

　1.4　研究方法与思路　/012

　　1.4.1　研究方法　/012

　　1.4.2　研究思路　/016

　1.5　研究状况　/019

　　1.5.1　国内学者本领域及相关研究状况　/019

　　1.5.2　国外学者有关侗族建筑的研究　/022

第 2 章　黔东南侗族建筑文化生成基础

2.1　侗族概况　/ 026

　　2.1.1　族称　/ 026

　　2.1.2　族源　/ 028

　　2.1.3　人口分布　/ 030

2.2　自然生态　/ 031

　　2.2.1　地理环境　/ 031

　　2.2.2　材料资源　/ 032

　　2.2.3　生产方式　/ 032

2.3　黔东南侗族文化构成　/ 039

　　2.3.1　社会文化　/ 039

　　2.3.2　精神信仰文化　/ 042

　　2.3.3　娱乐文化　/ 055

第 3 章　黔东南侗族建筑分类及空间分析

3.1　侗族建寨的类型及原则　/ 060

　　3.1.1　侗族建寨的基本类型　/ 060

　　3.1.2　侗族建寨的原则　/ 062

3.2　黔东南侗族建筑构建空间分析　/ 066

　　3.2.1　仪式性空间　/ 066

　　3.2.2　功能性空间　/ 078

　　3.2.3　侗族民居营造过程　/ 092

3.3　黔东南侗族建筑形式的生成因素　/ 103

　　3.3.1　社会组织结构与建筑形式的关系　/ 103

　　3.3.2　稻作方式与建筑形式的关系　/ 105

　　3.3.3　精神文化与建筑形式的关系　/ 106

第4章 黔东南侗族建筑艺术特征分析

4.1 黔东南侗族建筑的造型特点 / 110

4.1.1 外部造型 / 110

4.1.2 内部造型 / 113

4.2 黔东南侗族建筑的装饰手法 / 114

4.2.1 雕塑 / 115

4.2.2 彩绘装饰 / 120

4.2.3 文字书法 / 125

4.2.4 色彩 / 126

4.3 美学特征 / 129

4.3.1 装饰美 / 129

4.3.2 形式美 / 132

4.3.3 意象美 / 134

第5章 黔东南侗族建筑装饰图像的象征意义

5.1 侗族建筑装饰的特点 / 138

5.1.1 公共建筑为装饰主体 / 138

5.1.2 装饰类型相对固定 / 138

5.1.3 图像具备特有含义 / 139

5.2 装饰图像的表现方法 / 140

5.2.1 故事性与情节性 / 140

5.2.2 数字象征 / 146

5.2.3 形象比拟 / 148

5.3 图像与隐喻 / 152

5.3.1 门簪图像 / 152

5.3.2 鼓楼图像 / 155

5.3.3 神兽装饰图像 / 162

第 6 章　黔东南侗族建筑艺术的时代变迁与保护

6.1　黔东南侗族建筑濒危状况分析　/ 174

6.1.1　自然灾害与侗族建筑保护　/ 174

6.1.2　人的需求与建筑营造之间的矛盾　/ 177

6.1.3　建筑技艺传承的危机　/ 180

6.1.4　过度的旅游开发对侗族传统文化的挤压　/ 181

6.2　侗族建筑保护现状分析　/ 182

6.2.1　文物保护模式　/ 182

6.2.2　传统村落保护模式　/ 184

6.2.3　文化生态博物馆保护模式　/ 186

6.2.4　非遗传承人保护模式　/ 187

6.2.5　黔东南传统村落数字博物馆　/ 188

6.3　保护建议　/ 189

6.3.1　侗族文化整体发展保护利用　/ 189

6.3.2　政府和群众共同参与保护　/ 190

6.3.3　可持续发展的黔东南侗族生态旅游模式　/ 192

结语　/ 197

参考文献　/ 201

附录　部分访谈记录　/ 207

第 1 章

绪 论

1.1　研究背景与动机

1.1.1　研究动机

　　贵州是一个拥有 49 个民族的省份，黔东南苗族侗族自治州为侗族的聚居地。这里不仅是我国传统村落最集中的地区，也是世界上木结构建筑群落规模最大、内容最丰富、文化价值最高、非物质文化遗产活态传承最具活力的农耕文明文化家园。因工作缘故，笔者经常带学生下乡调研和收集素材进行艺术创作，常年穿梭于都市和乡村之间。多年的田野考察和经验积累让笔者对黔东南侗族地区的气候、地理、人文风貌、文化、建筑等有了更加系统的认识。富有生命张力的传统建筑，是该区域民族文化最具有代表性的文化符号。这里的建筑不仅是侗族审美的体现，也是侗族先民的历史创造与天人合一生活方式的体现，是侗族社会形态和思想感情的折射。千百年来，居住在这里的人们生活都是基于聚落开展的，生活方式影响着建筑的风格和功能，所有的建筑构成了一个完整的文化空间。作为一种人文景观，这里的建筑艺术具有重要的人类学研究价值。基于对黔东南侗族地区的调研和系统性考察，本书对侗族建筑的历史、风格、样式、风貌进行了系统的梳理和研究。

　　黔东南侗族建筑体现了该地区的地域环境和文化特征的共同特点，建筑造型融入了当地居民对于本地自然环境和文化风俗的理解与感悟，同时随着时间的推移和历史的发展，持续地融入更多自然元素和文化内涵。建筑特点的形成是地域自然气候、地形地貌、植被生物、自然资源、文化特色等多重因素汇聚形成的。贵州干阑式建筑最开始的功能就是为当地居民的生活提供场所，庇护居民的身体和心灵，每一种庇护方式都针对一种不同的自然形态。从这个层面上而言，乡土建筑就是自然和文化相互融合的产物。随着时代的发展，黔东南侗族人口规模、文化传承、居住理念等方面都受到了严重的冲击，一定程度上造成了乡土建筑的数量不断缩减，导致了传统民族文化的流失。黔东南侗族乡土建筑是千百年来农耕文明的结晶，无论是民居，还是鼓楼、风雨桥等建筑，都引起了学术界的广泛关注。黔东南侗族建筑艺术是侗族祖先给予当代人的珍贵建筑遗产，我们有责任把这些文化遗产传承下去。

1.1.2　研究背景

中国是一个有着数千年文明发展史的古国，由于历史文化的多元化和差异性，在我国辽阔的土地上遍布着民俗风情迥异、空间建筑形态多样的乡土建筑。贵州乡土建筑是融合了自然文化和人文文化的建筑遗产，不但有自然环境的特有元素，也有丰富的文化内涵，充分展现了不同民族多元文化的共生性，学术文化价值较高。黔东南地区在自然环境和历史发展的共同作用下，形成了特有的侗族村寨建筑风貌，并且具有丰富的文化内涵。黔东南侗族传统村落是该民族和地域文化的源头与根基，具有丰富的文化基因密码，黔东南侗族传统村落的聚落形态具有一定的历史价值、文化价值、艺术价值和经济价值。但是，随着我国经济的快速发展和城镇化进程的加快，黔东南侗族的生产生活方式也发生了巨大的变化，很多特色鲜明的民族村落也进行了不同程度的改造，不少具有历史文化价值的人文景观甚至消失了，黔东南侗族传统村落面临着严峻的存续危机。因此，为尽快加强对该地区建筑的保护，必须开展相关课题并进行专题性研究。

城市化的发展虽然给人们的生活带来了很多便利，但是也会影响本土文化的多元化发展，在这种大背景下，乡土建筑逐渐退出了历史舞台。现代民居快速扩张，乡土民居多元化形态逐渐消失，城市样板化程度逐渐加剧，地域特色不再显现。西方发达国家的经验告诉我们，高水平的城市化要保持地域的自身特色尤为重要。但是，我国当前的城镇化发展中建筑规划存在一定的不足，乡土建筑规模不断缩小，这种趋势亟需遏制，对于乡土建筑的研究也势在必行。纵观历史发展的过程，村落就是社会圈的浓缩。数百年来，居住在侗族村落里的人们的生活都是基于聚落开展的，人们的生活方式影响着建筑的风格和功能，包括生活起居的民居、宗教活动的萨坛、反映血缘村落宗法制度的鼓楼、交通和风水需要的风雨桥、具有娱乐功能的戏台等，所有的建筑构成了一个完整的文化空间。

侗族拥有丰富多彩、绚丽灿烂的民间文化，古老淳朴的古歌、优美动人的神话、传说、歌谣、富有生命张力的建筑形式，它们不仅是侗族审美生存的重要方式，也是侗族先民历史生活与斗争的曲折反映，是当时的社会形态和人们思想感情的折射。这些文化生动表现了侗族人民向往美好生活的愿望以及为实现这个愿望而进行不懈斗争的勇气和信念，深刻地展示了侗族的生存状态和生活方式，蕴含着侗族人民强烈的族群意识和生态审美观念。

侗族聚族而居，一直延续着氏族制时代血缘本位的居住格局，是以一代宗姓或以之为主的若干家庭集居而成的民居村落。侗寨传统的民居干阑木楼，取式于远古先祖于树上架木为巢的演化。它的居住空间悬空离地，防虫止兽、防雨湿，便于在山谷陡坡顺势建筑，是适应南方山区环境、气候和资源条件的优良建筑形式。黔东南侗族地区的鼓楼、风雨桥、凉亭等公共建筑空间，将实用性与景观性合为一体，成为侗寨独特的标志，它们与质朴的干阑民居一起，创造出了一个与大自然和谐、优美的生态环境空间。侗寨是我国民族特色保存最完好、最优美的村落形态之一。侗族也是在建筑上具有卓越成就的民族，鼓楼和风雨桥是公认的民族传统建筑的杰出代表，侗族入选国家重点文物保护单位的全部是建筑。

随着社会的发展，侗族村寨的民居形式发生了很大的变化。受汉文化影响较大的贵州侗族北部语言地区，传统干阑式建筑已经很少，只有少数民族村寨依然保存着，取而代之的是砖混结构的建筑。南部方言区则保留较多的传统干阑楼房建筑，但也出现了部分砖混结构的住房，新建的房子大多数是砖混结构。侗族为百越民族的一支，百越民族孕育并且创造了干阑式建筑，因此作为文化传承方式的建筑保留了其原生态的独特形式。但文化作为生活的一种形式不会独自存在，它始终会与周围的环境发生关系，这就会导致文化结构发生变化。因此，砖混结构民居的建筑在侗族地区并非偶然，它与一定的社会变化相关。首先，随着我国的经济发展，侗族地区受外来文化的影响逐渐增强，侗族在建筑审美和居住习惯上发生了变化。其次，防火意识的增强。传统的干阑式民居建筑全是木结构，并且侗族有把火塘设在二楼的居住习惯，十分不利于对火灾的防范，因此过去侗族村寨火灾频繁。砖混结构的建筑在一定程度上削减了这一不利因素。第三，建筑木材价格的上涨和政府对于砍伐力度的控制也促进了砖混结构的房子的增多。

我们走进黔东南侗族中心集镇，在民居的建筑风格上，已经看不出侗族的明显建筑特色。在侗族地区，干阑式吊脚楼、矮脚楼、砖木结构建筑、砖混结构建筑交错并列。总的趋势是砖木、砖混结构的建筑取代干阑式木结构的建筑，尤其在人口密集度比较高的集镇中心和商业区两侧几乎已经全部是砖混结构的建筑，和汉族地区的集镇几乎没有区别。现代化是社会发展的必然趋势，黔东南侗族地区也逃脱不了时代的浪潮。社会现代化进程在加速，同时文化变革的速度在加剧，文化发展的趋势是不可阻挡的。在这样的文化背景下侗族建筑面临着不可避免和无法抗拒的演变。

由于当前大批的外出打工者都回家乡建房，黔东南侗族地区的建筑没有统一规划，建筑物杂乱无章。怎样才能在建筑规划上加强引导，从而既能满足当前人们的生活需求，还能实现可持续发展，这对自然生态的保护以及传统文化的继承有重要的作用。目前亟待针对侗族乡土建筑的保护进行科学分析，基于文化传承的理念，探索黔东南侗族建筑的持续发展路径，并针对性地基于地理环境特点设计乡土建筑的文化艺术延伸路径。

侗族先民世世代代居住的干阑式的民居建筑，正在演化、变迁。侗族建筑的发展和改变，在发展的大趋势上也有诸多复杂因素。由于当前乡村发展过程中面临的压力众多，问题较为复杂，很多问题都要提出来加以重视，如目前乡村地区的生活生产形态与当前的乡土建筑的现状存在不匹配的情况。当今时代，社会理念、家庭形态、生产生活方式都出现了新的特点，乡村地区的生活水平有了显著提高，人们的居住方式和理念也发生了变化。在建筑领域，新材料、新技术得以推广。乡村的基础设施建设，如交通设施建设、电力设施建设等更加健全。这些变化使得原有的干阑式建筑形态已经不能满足乡村地区生产生活的需求，从而导致建筑形态发生改变，这种承载着侗族建筑智慧的建筑艺术正在逐渐消亡。

1.2　研究范围与内容

1.2.1　研究范围

黔东南苗族侗族自治州位于贵州省的东南部，包括凯里市和黎平、从江、榕江等 15 个县，境内有汉、苗、侗、水、瑶、壮等44 个民族，第七次全国人口普查黔东南苗族侗族自治州户籍人口总数为 4895982 人，少数民族占总户籍人口的 81.3%，其中侗族人口占 30% 左右。本书研究的范围选择黔东南苗族侗族自治州从江、榕江、黎平三个县。选择这三个县进行研究有以下三个缘由：一、侗族人口集中。这三个县是贵州侗族人口主要的聚集地，特别是黎平县，侗族人口占全县人口的 70% 左右，是全国侗族人口最多的县。二、侗族建筑聚集。侗族建筑随侗族人口的分布，也主要聚集在这三个县。其中黎平县有 93 个传统村落，是全国传统村落最多的县。三、建筑形态保存较为完整。从江、榕江、黎平三个县地处偏僻，受外来文化的侵入影响相对较少，还是以传统侗族生活方式为主，现有的侗族建筑保存较为完整。

1.2.2　研究内容

本书的研究内容主要以黔东南侗族建筑艺术为核心，进行全面的资料搜集和田野调查，揭示黔东南侗族建筑图像所隐含的象征意义。研究包括以下内容：

（1）黔东南侗族地区的历史文化、风俗习惯、人文地理、劳作方式、精神信仰、文化娱乐等共同构成了黔东南侗族地区建筑文化的基础，对侗族建筑艺术形态的形成具有一定的影响。这是对侗族建筑艺术研究的前提，因此要对侗族各方面相关文化全面熟悉，揭示侗族建筑艺术形成的相关社会因素。

（2）黔东南侗族建筑的空间构成与建筑营造技艺。本研究对侗族建筑空间类型进行划分，分为功能性空间和仪式性空间。侗族建筑营造过程包括建筑的选址、设计、建设过程等，都是充满仪式性的，体现了侗族信奉万物有灵，天地人神合一的思想观念。

（3）运用图像学的研究方法对黔东南侗族建筑艺术中的装饰图像的象征意义进行解读。侗族建筑装饰多种多样，包括建筑本身的造型建筑的雕塑、绘画、色彩等，不仅是为了美的需求，在本质上也是侗族人精神的寄托，具有一定的象征意义。对侗族装饰图像的象征意义进行探索，对这些装饰图像予以解读，也是本书的焦点和重点。

（4）侗族建筑的变迁与保护措施。现代社会的发展对侗族建筑文化造成了冲击，政府、民间组织及个人对侗族建筑也着手进行保护。在分析自然因素、人为因素对侗族建筑造成的冲击外，进一步探讨现有保护措施的不足和弊端，从而提出合理的侗族建筑保护措施。

1.3　研究目的及意义

1.3.1　研究目的

1. 创新黔东南侗族建筑研究视角

黔东南地区侗族建筑研究已经有较多的成果，笔者通过对文献的梳理以及资料的收集，发现很多研究著作均是从建筑学的角度对建筑的构成形态、类型、样式等建筑结构的技术发展史的研究，缺乏站在图像学、艺术人类学的角度对民族文化、种族、艺术、建筑空间等之间的相关性的思想源流和神学象征意义的解读和分析。随着时代的发展和进步，侗族村落建筑的居住主体——人的思想观念发生变化，导致建筑的形态、材料、构成发生变化，一些侗族干阑式建筑呈现逐渐消亡的趋势。因此，站在图像学的视角下对侗族建筑艺术进行研究，分析其种族、人文、建筑和聚落的产生、文化空间形成的思想源流和神学象征。

2. 揭示黔东南侗族建筑艺术的象征意义

对黔东南侗族建筑空间构成、色彩、装饰等方面，运用图像学的研究方法进行深入研究，解读侗族建筑图像背后的思想、文化源流以及精神内涵，并在解读黔东南侗族生活文化、精神信仰文化、建筑空间文化的基础上对建筑艺术隐喻的象征意义进行分析和解读。

3. 保护黔东南侗族建筑艺术

在文化趋同、时代更新的历史背景下，黔东南侗族干阑式民居的数量在逐年减少。乡土建筑的消亡，除了一些不可抗的火灾、水灾等自然因素外，还有一些人为因素的介入。因为外来文化的冲击，侗族文化受到比较大的影响，无论从衣、食、住、行还是居住空间上都发生了很大的变化。建筑是为人服务的，当人的主导思想发生变化后，人的需求也逐渐发生变化，导致建筑形态、材料等发生变化。本研究在立足于黔东南侗族建筑艺术研究的基础上，提出侗族建筑遗产的保护方法与建议。

1.3.2　研究意义

1. 充实侗族建筑研究成果

本研究围绕黔东南侗族以榕江、从江、黎平地域为轴心的乡土建筑聚落空间，在田野调查工作的基础上，深入分析了黔东南侗族建筑文化的生成基础、空间构成、建筑艺术特征等，在侗族文化的基础上对侗族乡土建筑的建筑形式和艺术特色进行梳理，挖掘建筑背后所隐藏的人文情怀和民族精神，充实和丰富了黔东南侗族建筑的研究成果。

2. 拓展新的研究路径

本研究以不同的研究方法切入，开拓了黔东南侗族建筑新的研究路径。研究黔东南侗族建筑的艺术特征和形态特征，更重要的是探寻这种建筑艺术隐含的深层的文化内涵。笔者在前人所做的大量研究基础上，尝试用图像学的研究方法，旨在揭示隐藏在建筑现象之外的精神崇拜观念、文化意义，开拓侗族建筑艺术研究新的路径。就目前的研究状况来看，侗族建筑的许多形式和装饰上的构件在之前的研究中被忽略了，缺少深入的挖掘，但是这些侗族建筑上的装饰图像恰恰是体现侗族文化、侗族人民精神追求的象征图像。在黔东南侗族建筑艺术中，建筑中的装饰图像、符号都有特定的意义。

3. 丰富侗族建筑的内涵

侗族建筑是侗族文化精神的载体，研究侗族建筑艺术对挖掘侗族传统文化具有现实意义。乡土建筑研究在城乡规划领域中备受关注，黔东南地区的侗族建筑是典型的农业文明的产物，劳动人民的智慧结晶。依山傍水是侗族民居的显著特征，侗族建筑是从自然、土地上生长出来的一种物质存在，它的建筑形式和建筑格局都是受自然启迪的结果。侗族建筑又是一种典型的文化存在，它的建筑风格体现了侗族亲和、团结、和谐包容的文化品格。作为侗族精神信仰和文化载体的建筑艺术，要体现的是民族意志、文化、品格、精神的内涵，因此，侗族建筑是侗族文化精神的载体。

黔东南侗族建筑的构建形式、建筑装饰、侗族建筑的营造技艺等是侗族人民智慧的结晶，在文化趋同的时代背景下，随着文化的融合和交流，居住空间也在发生变迁，黔东南侗族建筑呈现嬗变甚至消亡的趋势。因此，基于对黔东南侗族生活文化、信仰文化、建筑艺术的研究和挖掘，对黔东南侗族建筑艺术保护提出思考与保护建议，具有一定的现实意义。

1.4　研究方法与思路

1.4.1　研究方法

1. 图像学研究方法

图像学一词由希腊语图像演化成的图像志发展而来，研究绘画主题的传统、意义及与其他文化发展的联系。20 世纪初叶，阿比·瓦尔堡和稍后的一些学者潘诺夫斯基、扎克斯尔、维特科夫尔和温德等人对图像学的性质进行重新界定，把它理解为一门以历史、解释学为基础进行论证的科学，并把它的任务建立在对艺术品进行全面的文化、科学的解释上。潘诺夫斯基在《图像学研究》中的观点成为图像学研究中最著名的理论，其要点简述如下：艺术母题世界的自然题材组成了第一层次，属于前图像志描述阶段，这一阶段的解释基础是实践经验，其修正解释的依据是风格史。图像故事和寓言世界的程序化题材组成了第二层次，属于图像志分析阶段，这一阶段的解释基础是原点知识，其解释的依据是类型史。象征世界的内在意义组成了第三层次，属于图像学解释阶段，这一阶段的解释基础是综合直觉，其修正解释的依据是一般意义的文化象征史。它是一种以内容分析为出发点，根据传统史的知识背景来解释作品象征意义的方法。[①] 因此，我们可以看出，图像学是一种综合的解释方法，运用风格史、类型史、文化象征史等各个层面的分析对图像进行更深层次的剖析，追寻图像在视觉形象以外所隐喻的深层意义。文章运用图像学的研究方法分别从以下三个层次进行探讨：

（1）"前图像志描述阶段"，从历史、文化、社会等角度分析侗族建筑形成和发展的脉络，并且对于黔东南侗族建筑文化的生成基础进行分析描述；

（2）"图像志分析阶段"，文章运用建筑类型学的研究方法对黔东南侗族建筑艺术的聚落分类、建筑空间类型进行分析，进而探索黔东南侗族建筑的艺术语言和美学意蕴；

（3）"图像学解释阶段"，通过侗族建筑装饰上大量的视觉图像对黔东南侗族建筑的象征意义进行解读，试图探寻黔东南侗族建筑装饰背后隐喻的侗族精神信仰图式。

2. 田野调查法

田野调查方法是对人类学进行研究的一种方法。艺术人类学是人类学的一个分支，田野调查法当然适用于艺术人类学。黔东南的黎平县、榕江县、从江县辖区的村寨是侗族建筑的主要聚集地，这些地区的建筑是侗族建筑的典型代表。本书选择了这些地

---

① 　贡布里希. 象征的图像：贡布里希图像学文集 [M]. 南宁：广西美术出版社，2015：41.

区比较有代表性的建筑类型作为专题，深入研究、分析黔东南侗族建筑构成形式、空间、文化、建筑的艺术特征，以此来说明黔东南侗族建筑艺术的形成与文化、宗教、信仰、劳动方式、文化娱乐之间的关系。笔者基于艺术人类学的有关田野考察，从2018年年初开始，收集到第一手的侗族建筑、民俗、文化等素材资料，并且对村寨的寨老、掌墨师、其他村民的口述进行记录，从而在文化整体观的基础上对黔东南侗族建筑艺术进行分析和解读。具体田野调查行程如下：

2018年2月，对黎平县肇兴侗寨进行项目考察，了解肇兴侗族建筑风格、旅游开发模式、侗族文化与建筑特色，了解肇兴侗寨的历史、人文环境等，共10天；同时对肇兴侗寨旁边的堂安侗寨进行考察，了解堂安侗寨的人文风貌，参观了堂安生态博物馆等，持续2天。

2018年4月，对榕江大利、归柳、宰荡、宰闷、丰登等侗寨进行考察，了解侗族村寨民俗节日、生活习惯、社会组织结构等文化状况，为期一周；对大利、归柳、宰荡等侗寨的建筑文化、掌墨师等情况进行考察和材料收集，了解侗族村寨的建筑情况、建房择日、建房禁忌等，为期半个月。

2018年5月，对黎平地坪、龙额、寨母、高近、流芳、地扪、肇兴、岩洞、铜关、乜洞、四寨、述洞等侗寨进行考察，全面掌握黎平侗族地区侗寨的民俗节日、生活习俗、宗教文化、劳动方式、建筑禁忌等基本情况，对村寨里的掌墨师、寨老、其他村民等进行访谈，考察社会组织结构和劳作方式、精神信仰等，以及侗族聚落的形成和建筑空间的影响和作用，为期半个月。

2018 年 7 月至 8 月，对黎平龙额、地坪、地扪、高近、流芳等村寨进行第二次调研，拜访侗寨的掌墨师，进行图片、口述录音收集等；在黎平县档案馆、文化局、图书馆、宣传部等文化机构进行资料收集，为期半个月。

2018 年 9 月底到 11 中旬，对榕江县大利侗寨和归柳侗寨进行定点追踪考察，跟随大利侗寨掌墨师杨胜和、归柳侗寨掌墨师杨秀和两位木匠师傅的施工队，进行参与式考察。其间对侗族掌墨师的建房过程进行影像记录，对掌墨师有关侗族建筑技艺的口述进行录音资料收集，为期 50 天。

2019 年 3 月，对从江县高增、平求、银良、鸾里、增冲、增盈、信地、宰兰、宰友、朝利、占里、邑扒、小黄、黄岗、银潭、桃香、贯洞等村寨进行调研，对各村寨的聚落环境、聚落形态、生活方式、信仰文化、劳作方式、建房过程、建筑构成、建筑装饰等材料进行收集。

2019 年 11 月底，再次到从江县高增侗寨调研并拜访国家级侗族建筑营造技艺传承人杨光锦老先生。

3. 文献研究法

围绕研究的目的，在贵州省图书馆、高校图书馆借阅相关侗族建筑专著，在知网、万方、维普等权威网络平台搜集国内外相关学术文献进行分析，对相关的内容进行筛选和分类。同时，深入黔东南地区当地政府、图书馆、档案馆、县志办、宣传部等机构全面收集有关黔东南侗族资料，从人口、地理环境、民俗节日、信仰文化等方面进一步梳理、思考、分析和总结，从中寻找影响黔东南侗族聚落形态、建筑空间生成的因素。

4. 访谈调研法

访谈是一个积极加工过程，它通过访谈员与受访者的相互关系形成知识。[①] 为更好地了解黔东南侗族建筑居住空间文化的成因，本研究采用访谈调研方法，将访谈内容作为研究者关注的焦点，与此同时直接采访被访问的对象，作为有效的收集材料的方法，这种方法也可以消除研究者资料收集中个人理解所带来的主观性偏差。此外，本研究还对侗族研究领域知名的专家学者进行访谈，希望对研究的结论提供纠正和指导。因为访谈内容较多，涉及侗族建筑建造、装饰、色彩、风俗习惯、人文地理、文化历史等各个方面，采用半结构非标准化访谈方式，制定访谈提纲进行访谈。

通过田野调查，掌握了大量的一手研究资料，成为研究的基础，也对研究视角起到校正与补充的作用。调研黔东南侗族地区具有代表性的传统村落，与村寨的村民、掌墨师傅、侗族建筑营造技艺非物质文化传承人等采用聊天的形式轻松谈论，并且用录音笔把其口述记录下来，为本研究提供了基础资料。

1.4.2　研究思路

（1）笔者结合城市规划与设计相关课程和自身研究侗族建筑的动机，拜访侗族民俗、历史、建筑等方面的专家，详细了解关于侗族的历史文化、建筑艺术等方面的知识。笔者到图书馆借

---

① 　布林克曼，克韦尔．访谈 [M]. 曲鑫，译．上海：格致出版社，2013：18.

助互联网平台查阅侗族建筑相关文献，进一步了解了关于侗族建筑艺术的知识。通过专家的讲解及文献介绍，确定文章研究的范围后，开始深入侗族建筑的分布聚集地——黔东南地区做田野调查，访问当地村民、民间建筑专家，深入当地档案馆，查阅当地地方志，搜集一手资料。

（2）对黔东南地区侗族文化的族源、历史、文化、艺术、聚落空间的形成等进行系统性的梳理和研究，进一步对黔东南侗族地区地域文化特征进行解读以及对文化形成的相关性因素进行系统性的研究。同时，通过图像学的研究方法并且借鉴艺术人类学、民族学、社会学等领域的研究成果对黔东南侗族地区的文化体系进行剖析，总结出该地区的地域文化特征和地域文化的成因。

（3）梳理历史资料和文献，运用图像学的研究方法，从历史文献中寻找侗族的文化、信仰、建筑的溯源，总结出侗族建筑的类型、原则，对侗族建筑进行功能性空间与仪式性空间的划分，并对黔东南侗族建筑形式进行多角度和多层次的解读。在地域文化的影响下分析黔东南建筑的艺术形式和构建特色，探讨侗族民居空间文化的人与自然的和谐缔造性，人与人的守望互助性，人与生存环境的相互生成性。

（4）在对侗族建筑现状和保护模式进行分析的基础上，提出对与侗族建筑文化整体发展相结合进行保护利用的建议。基于以上研究思路，建立了研究框架，如图 1-1 所示。

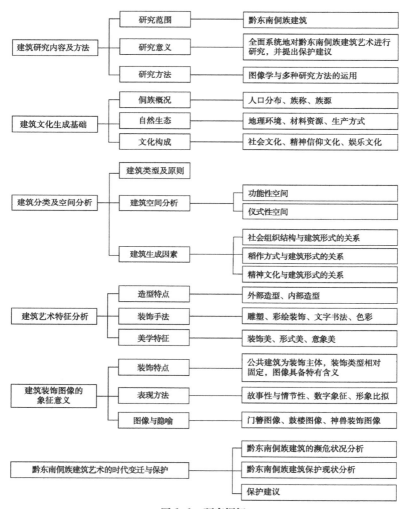

图 1-1　研究框架

来源：作者绘制

1.5　研究状况

1.5.1　国内学者本领域及相关研究状况

　　国内传统建筑研究从 1929 年中国营造学社的建立开始，梁思成、刘敦桢等先生开创了中国传统建筑特有的研究方法；之后，20 世纪 40 年代戴裔煊的《干兰——西南中国原始住宅的研究》拉开了我国西南地区干阑民居研究的序幕。中华人民共和国成立后，大批学者对西南地区作了大量的田野调查研究，各地方编纂的地方志也对西南山地民族的生产生活实践以及建筑形态作了很多记载。我国的传统建筑研究经历了 20 世纪 60—80 年代的贯通与深化阶段，民居建筑调查研究遍及全国大部分民族地区，刘敦桢的《西南古建筑调查概况》及相关资料，为整个西南地区的古建筑研究提供了丰富的资料。从此之后有关黔东南侗族建筑的研究层出不穷，罗德启在《贵州侗族干阑建筑》中对贵州侗族干阑建筑的聚落空间形态、建筑特征等作了整体性的剖析，在另外一本专著《贵州民居》中对山地建筑特色的内容和多彩贵州民族民居文化特色进行了规律性的探索。戴志中的《中国西南地域建筑文化》阐述了西南地域建筑类型与现象、建筑技术与建筑文化。吴浩的著作《中国侗族建筑瑰宝——鼓楼风雨桥》利用田野考察的研究方法对广西、贵州、湖南三地的侗族地区典型的村寨文化进行资料整理收集和分析梳理。尤小菊在其著作《民族文化村落的空间研究——以贵州省黎平县地扪村为例》中以侗族建筑空间分析为出发点，对民族文化聚落空间场域进行研究，提出对地扪侗寨的自然遗产、文化遗产实行整体性保护。蔡凌的《侗族建筑遗产保护与发展研究》从建筑文化遗产视角对侗族聚居区进行全面的考察与梳理，归纳总结侗族的建筑遗产特色及分布特征，并从侗族文化的时间、空间意义上重新架构侗族建筑遗产的评估体系。杨昌鸣等人所著《侗族木构建筑营造技艺》从历史文化、自然环境、社会环境、村寨布局以及建筑类型等不同角度，对侗族传统木构建筑营造技艺进行介绍。龚敏的《贵州侗族聚落和建筑文化》从侗族的族源发展、区域划分、生境构成、社会组织、宗教信仰、民风民俗等现存的地方性文化特质出发，撷取极具代表性的侗族地方文化符号，以阐释的方法梳理和研究贵州侗族聚落和建筑生成的文化关联性，从贵州侗族聚落形态和空间、聚落的生态表达、仪式性建筑、功能性建筑、聚落和建筑的文化变迁等多个视角加以阐释和分析。

因黔东南侗族地区独特的建筑形态和聚族而居的生活方式，相关民族学、人类学、民俗学的研究也呈现百花齐放的局面。冯祖贻、朱俊明等的著作《侗族文化研究》以大文化的视角全面剖析了侗族的物质、社会、精神等文化，对侗族的渊源和特征以及与周边民族的交流都作了较为深入的研究。石开忠在其著作《侗族鼓楼文化研究》中对侗族鼓楼的分布、类型、建造过程等进行剖析，"鼓楼是地域文化的标志"为整体性保护侗族文化遗产提供了学术支撑。栗周荣编著的《六洞九洞侗族村寨》对侗族村寨周边的环境条件、民族节日、建筑、服饰、文化艺术、信仰祭祀、习俗等方面进行解读，展现了侗族与自然和谐相处的生活方式和智慧。杨光灿在《四十八侗寨》中用实地调研的方法对黎平县四十八个侗寨的文化、传说、建筑等进行逐一梳理。张泽忠等的著作《侗族古俗文化的生态存在研究》探讨了"人之为人""人之缘在"基础上的民族文化认知行为，对在文明进程中"人与自然""人与生存环境"的关系进行思考与追述，试图给人们提供一个在生态存在论意义上的新启示。吴浩在《中国侗族村寨文化》中选取一些典型的侗族村寨作为研究对象，对于典型村寨文化进行一一梳理，为后面的研究者提供一些史实性的参考。陈幸良、邓文敏在其著作《侗族生态文化研究》中研究人与自然和谐相处的理念和生活生产方式，提出加强对侗族生态文化的保护。崔海洋的著作《人与稻田——贵州黎平黄岗侗族传统生计研究》，以黄岗侗寨为研究对象，探讨人与自然的关系，对侗族传统生计提出了一些新的认识。廖君湘的著作《南部侗族传统文化特点研究》对黔东南侗族的文化特点、文化属性等进行分析和阐述。周国茂在其著作《自然与生命的意义——贵州少数民族原始崇拜与习俗》中，对贵州少数民族的原始崇拜用唯物主义的观点进行分析，更加深入地剖析贵州民族文化。吴嵘的著作《贵州侗族民间信仰调查研究》采用实地考察与文献研究的方法，对侗族民间信仰进行系统性调研，为后面的研究者提供了一些学术参考。

综上所述，在黔东南侗族建筑研究领域已经具备一定的研究基础，对侗族建筑的环境、空间、结构等作了一定的分析和研究，对于侗族建筑遗产的保护和发展提出了一些问题。相关的学术研究为本书提供了综合性研究基础，笔者认为，黔东南侗族建筑艺术的空间构成、装饰艺术、建筑形态等都是在侗族生存的自然环境、精神信仰、社会组织结构、劳作方式等基础上产生的，因此研究侗族建筑艺术之前，要对侗族的历史、生存环境、文化构成、民俗节庆、农耕方式等进行系统研究和资料收集。

1.5.2　国外学者有关侗族建筑的研究

从国外的研究来看，1989 年日本学者先后 2 次组成考察队到黔东南地区榕江、从江、黎平、锦屏、剑河等地对苗族、侗族、布依族民居建筑进行对比调查和单体建筑实测调查，在建筑平面、建筑造型、建筑装饰、空间组织等方面对西南山地传统建筑进行研究。2006 年维也纳工业大学教授克劳斯·茨韦格尔提出侗族建筑减少和侗族建筑营造技艺逐渐走向消亡，引发对侗族传统建筑的保护与思考。2006—2007 年间片冈靖夫曾 3 次带领中日合作团队深入广西和贵州侗族地区，采用先进的仪器设备对侗族传统建筑的结构进行了测量与解构，并于 2007 年发表了《中国侗族杉木传统木造建筑物的研究（第 1 报）》[中国トン族の杉による伝統木造建造物の研究（第 1 報）]、《中国少数民族侗族的干阑式结构下传统木造建筑物的构筑体系研究》(中国少数民族トン族の貫構造による伝統木造建造物の構築システムの研究) 等论文，出版了专著《建筑与社会Ⅲ　中国少数民族侗族的建筑和社会》[建築と社会Ⅲ　中国少数民族（トン族）の建築と社会]。

上述研究已经取得了比较丰硕的成果，但是从整体上看，目前还存在一些问题：缺少学科之间的交叉研究，黔东南侗族建筑的研究仍然局限在建筑学和历史学领域，缺乏多学科、多元化的研究方法的切入点。对前人研究成果进行总结，可以了解黔东南侗族建筑研究的本体层面，但是很难从中找到建筑的诞生、文化和艺术的形成、聚落的构成之间的源流关系以及装饰图像的象征意义。很多著作是从建筑学的角度对建筑的构成形态、类型、样式等建筑结构的技术发展史进行研究，缺乏站在图像学的角度对民族文化、种族、艺术、建筑空间等之间的相关性的思想源流和神学象征意义的解读及分析，缺少对建筑的主体——人的需求的解读。现有的研究虽然在理论上对于侗族建筑的研究取得了一定的成果，但是通过对文献的梳理和收集，发现大多数研究者是从建筑学的角度出发，从建筑空间、建筑结构、材料等角度进行研究，对村落个案进行分析，而忽视了随着时代的变迁，人的观念和需求的转变导致建筑发生的变化。居住者的观念和需求是决定建筑形式的重要因素，对于建筑的产生和发展具有决定和主导意义。

第 2 章

黔东南侗族建筑文化生成基础

2.1　侗族概况

2.1.1　族称

侗族，是从古代百越民族分化发展而成的民族，族称分为自称和他称。自称"干"（gaeml）或"更"（geml），或"金"（jeml），全称 nyenc geml，或 nyenc jeml，翻译成汉语是侗人或侗族[①]。也有些地方被称为"金佬"（jemllaox）、"金绞"（jaemliaox）、"金坦"（jeml danx）、"更绞"（gaemljaox）。汉族称之为"侗家"，中华人民共和国成立后称为侗族。[②] 侗语 jaeml，本意是指有溪河的山谷、山冲，或山间溪洞，四周有山，山间有盆地、田坝，其形如洞天。侗族自古生活于溪峒，依山傍水而居。nyenc gaeml，或 nyencgeml，或 nyenc jeml，指住在山区溪洞地方的人。清代嘉庆《广西通志》卷二百七十九《诸蛮》云："侗人居溪峒之中，又谓之峒人。""洞""峒""硐"常与"溪峒"并称。"溪峒"特指中国南方少数民族居住的山区。侗族族内还有僚（音"老"）侗（gaeml laox）、胆侗（gaeml dan）、绞侗（gaeml jao）三个支系的相互称呼。从称呼的含义来看，侗族的自称是一致的。

今天侗族地区的古代居民，据史书记载，魏晋南北朝称为"僚"，到唐代，在称"僚"的同时又称为"僚浒"或"乌浒"。自

① 　梁敏 . 侗语简志 [M]. 北京：民族出版社，1980.
② 　《侗族简史》编写组 . 侗族简史 [M]. 贵阳：贵州民族出版社，1985：13.

宋以后，这一地区居民的称谓更加复杂，分别被称为"仡伶""仡佬""仡览""仡偻"、苗、瑶等。至明代才有"峒（硐、洞）人"之称。清代则多称之为"洞苗""洞民""洞家"，或泛称为苗。"仡伶"乃是侗族人的自称。"峒人"或"侗家"则是汉族对侗族的称谓。

　　"仡伶"之名见于宋代。《宋史·西南溪洞诸蛮》记载：乾道七年（1171 年），"靖州有仡伶杨姓""沅州生界有仡伶副峒官吴自由"。《老学庵笔记》卷四载：沅、靖等州，有仡伶，"男未妻者，以金鸡羽插髻""农隙时，至一二百人为曹，手相握而歌，数人吹笙在前导之"。这些称谓、姓氏、居地、习俗都与侗族有关。"仡伶"（keeclanp）的急读声与侗族自称"干"（gaeml）音近，可能是以汉字记载侗族的译音；杨、吴两姓均是侗族大姓，几乎遍及侗族地区；辰、沅、靖等地，即今之新晃、芷江、怀化、溆浦、玉屏、三穗、天柱、靖县（今靖州苗族侗族自治县）、会同、通道等县，正是侗族聚居地区。"仡伶"以羽翎为饰，在有关文献或侗族生活中还可见到。《小方壶斋舆地丛钞》说："苗（侗）童之未妻者，曰罗汉""皆髻插鸡翎"。《粤西笔述》载："峒人椎髻，插雉尾。"三江、通道等县，每年正月"月也航年"（weex jeek hanp nyinc）时，有的男子头插鸡尾，身着古装，吹着芦笙，前往他寨作客；流传于侗族民间的"款词"中也有"父寻鸡尾插头，母制暖布盖身"之句；榕江县车江的《祭祖歌》则说，青年男子皆"鸡尾垂耳边，琵琶抱胸前"；迄今，从江县高传、信地一带，青年小伙子每着盛装，则头包花格帕，上插鸡尾或鹭羽以为美。至于"一二百人为曹，手相握而歌"，则与侗族"哆耶"没有什么差别。黎平、榕江、从江、三江、龙胜、通道等县侗族村寨"哆耶"时，或男或女，聚结成群，手牵着手，或以一双手搭肩，绕成圆圈，边走边唱，有的还吹着芦笙于前导引。

"伶"同是侗族的称谓，这在史书中有明确的记载。《融县志》说："侗即伶，沿江一隅间有之。"又据《龙胜厅志·访闻》所录的伶语，基本上和侗语相同：天曰们（menl）、地曰捏（疑"堆"dih误）、日曰们（maenl）、月曰脸（nyanl）、星曰醒（xedl）、风曰令（lemc）、雷曰巴（bias）、雨曰丙（bienl）、父曰不（bux）、母曰内（neix）、吃饭曰拣考（janl oux）、喝酒曰拣窖（janl kuaot）、吃肉曰拣南（janl nanx）等。此外，在习俗方面，侗伶亦有相似之处。都有以羽翎为饰，着裙卉衣，喜戴银圈、项链，以及"手掬饭和以鱼鲜为上食以宴客，杀牲用剪无刀砧"等装束和习惯。

所以说，"仡伶""伶"乃是侗族的自称，至迟于宋代就已经成为单一族称而载入史册，迄今已有1000多年的历史。

2.1.2　族源

关于侗族的族源问题，民族历史学界特别是侗族历史研究学界比较统一的看法是侗族源于百越的一支，或者说侗族是古代越人的后裔，《晃州厅志》中有"厅治东接龙标，西驰骆越"[1]。这与侗族古歌《从前我们祖先》所唱的"从前咱祖宗，由那禺州出，

---

① 《晃州厅志》（清道光五年修）卷之二十五"驿传"。

从那'贵州'来，同是越王木都纳的儿孙"① 相吻合。

侗族民居建筑与古越人的干阑式建筑形式一脉相承，是楼上住人，楼下圈养牲畜，堆置杂物的干阑楼房。侗族人喜欢酸，居住于水边；村落依山傍水，村民喜欢吃鱼，这也与古代越人的习俗极为相似。侗族如越人一样迷信"鸡卜"等占卜方式，在西山、九洞等地，还可见"鸡卜""米卜"的遗迹。

黔东南侗族地区有侗族祖先是从江西和广西梧州迁徙过来的史料，据明代史籍及有关文献记载："古之侗族分布甚广"。侗族古歌中有关侗族祖先的来源有一段这样的描述："当初侗族祖先不在别处，就在那闪烁的梧州……"② 早在汉代，武侯（诸葛亮）南征，就留下一些"从征有功"人员在此为官。宋代和元代时期，由于战乱和封建统治者的剥削压迫，江西有许多汉族人因战争或者实在承受不了封建统治者残酷的剥削，而迁移到侗族地区。明朝为了加强封建统治地位和巩固地方政治权力，朱元璋除大力鼓励官员们"随军有功"之外，还在侗族地区建立军事部队，安屯扎寨设立军事堡垒。从江西调来三万余屯军驻扎偏乡，其中不少与侗族人融合在一起，变成今天侗族的一部分。至于侗族先民来自江西之说，在侗族古歌中有这样的描述："从前咱祖宗住江西地界，福建地方，官府来管神，神官来管堡。"③

---

① 杨国仁，吴定国，等.侗族祖先哪里来（侗族古歌）[M].贵阳：贵州人民出版社，1981：286.

② 杨国仁，吴定国，等.侗族祖先哪里来（侗族古歌）[M].贵阳：贵州人民出版社，1981：286.

③ 张民，普虹，卜谦.侗族古歌：下卷 [M].贵阳：贵州民族出版社，2012：80.

2.1.3　人口分布

侗族现有 3495993 人（2021 年第七次全国人口普查），主要分布在湘、黔、桂三省（区）毗邻地带，湖北省有少量分布。其中以贵州省的侗族人口最多，有 144 万人左右，主要分布在黔东南苗族侗族自治州的黎平县、榕江县、从江县、天柱县、锦屏县、三穗县、剑河县、镇远县，侗族居住较为集中，地域上连成一片，民族内部交往比较密切。在侗族聚居的区域内，还居住着汉、苗、壮、瑶、水、仡佬、布依、仫佬、土家等民族。长期以来，各民族人民和睦相处，相互交往、相互学习，共同开发这片山河。

贵州侗族人口中，黔东南苗族侗族自治州有 1010352 人，占贵州侗族人口的 70.6%，是整个贵州省的侗族主要聚集地区。在黔东南苗族侗族自治州的侗族人口中，黎平县是侗族最大的聚居区，侗族人口为 268665 人，占全县总人口的 70%，全县 65 个乡镇中，均有侗族居住；从江县侗族人口 114890 人，占全县人口的 40.13%，全县侗族聚居村寨共 330 个，侗族聚居地区大多成片相连，大部分分布在县境东部和北部的平坝地区及都柳江两岸，一部分村寨散布在山间溪谷之中；榕江县的侗族人口 102885 人，占全县人口的 34%，主要聚居在东部、北部乐里的"七十二寨"及其与从江县、黎平县交界的苗兰、宰荡和大利等地。

2.2　自然生态

2.2.1　地理环境

　　黔东南苗族侗族自治州位于贵州省东南部，属亚热带季风湿润气候区，冬季不冷，夏季不热，潮湿多雨，年平均气温为 14 ~ 18℃。最冷月份的 1 月平均温度为 5 ~ 8℃。最热月份的 7 月平均温度为 24 ~ 28℃。年日照时间为 1068 ~ 1296 小时，无霜期为 270 ~ 330 天，降水量为 1000 ~ 1500 毫米，相对湿度为 78% ~ 84%。适宜的气候，使其成为冬日避寒、夏日避暑的理想之地。黔东南侗族地区以都柳江、海阳河、清水江为主干的大小河流有两千多条，分布于各个村寨。黔东南侗族地区多山，大山雄伟、险拔。

　　黔东南苗族侗族自治州土地面积占全省土地总面积的 17%，约 30337 平方公里。其中耕地面积占 8.33%，约 379.1 万亩；林地占 49.1%，约 2232 万亩；其他用地和荒草坡地占 42.62%，约 1939.47 万亩。

　　黔东南苗族侗族自治州是贵州最早的文化发祥地之一。境内的苗族、侗族，早在汉、唐时期就居住在这片美丽富饶的土地上，从现存的生产、生活习俗和大量的民间文学中，可以找到苗族、侗族早期的文化形态。汉、唐时期，苗族、侗族迁徙到黔东南这块土地，依凭大迁徙带来的文明，苗族、侗族聚居区在交通比较便利的地方率先进入封建社会，经济、文化得到一定程度的发展。

2.2.2　材料资源

黔东南侗族地区得天独厚的自然条件，孕育了繁茂的森林资源和各种动物资源，木材、药用植物、食用植物、菌类、水产、草地等，在侗族地区均可寻觅到。侗族聚居区森林覆盖面积大，林木葱翠、种类繁多，有"林海"之称，是我国西南地区主要的用材林基地和国家重点林区之一。尤其是杉树的种植，不仅材质好，生长迅速，而且对侗族人民的生产生活都产生了较大影响。因为黔东南侗族地区盛产杉木，这就为侗族建筑奠定了先天的材料基础。

2.2.3　生产方式

侗族是一个以稻作为主要耕作方式的山地民族，种植水稻需要水田，侗族除了利用山谷之间的平地之外，还在山坡上充分开垦层层的梯田。侗寨的生态特点是终年温和湿润，群山环抱，森林覆盖，树木生长良好，长年不绝的溪水从村寨流过。侗族人充分利用地域环境的优势，开展因地制宜的生产活动，山间茂密的树林给侗族的生活提供了必要的燃料和建筑所需要的木料。侗族种植水稻需要有稳定的水源，于是将村寨建在江河、小溪旁边，利于开渠、挖池凿塘、引水灌溉。

从地理环境上看，侗族居住的环境是一个极为封闭的山区，山高路险，交通不便，社会发展缓慢，经济落后。侗族有种植水稻的历史，但由于所处地理环境、交通不便等诸多因素制约，生产方式原始，生产力落后。

  侗寨人民过着"男耕女织""靠山吃山、靠水吃水""自给自足"的生活。因为环境的限制，黔东南侗族地区一直处在封闭落后的状态。侗族生活的地区终年温和湿润，冬无严寒夏无酷暑，因而侗族的祖先在几千年前就已经形成稻作农耕的生产方式。百越民族是我国稻谷最早的栽培者。[①] 作为百越民族的后裔，侗族先民种植稻谷的历史极为悠久。在侗族的主要聚集地湖南靖州的新石器遗址中发现了炭化稻，证明早在 4000 ~ 5000 年前，这个地区的居民就已经开始了水稻的种植。

  稻作农耕是侗族主要的生计方式，在长久的历史发展中形成了自己独特的经验与技术，如借用畜力耕种、稻田养鱼、多种稻谷品种的培育、充分利用自然环境的水利灌溉系统、植物化肥和农家肥的使用等。古代越人就是以糯米为主食的。周秦时期的《山海经·南山经》就有"其祠之礼……糈用稌米"的记载。"糈"是祭神专用的精米；"稌米"指的就是糯米。由此可知，种植糯稻是古代越人的一种传统。稻田侗语称"Daeml Yav"。"Daeml"在侗语中是"鱼塘"的意思，是指那些人工建造的养鱼池。"Yav"是指可以种植水稻的田地。所以人们一般都把侗族的"Daeml Yav"翻译成"田塘"。"田塘"也是侗族人心目中财产的标志。如某家有多少财产常常用有多少"田塘"来表示。侗族人为什么要把"田"和"塘"紧密地联系在一起？原因是侗族人的稻田是一种既可以养鱼又可以种稻的土地，形成"水稻—鱼—鸭—肥"的

---

① 李昆声. 云南在亚洲栽培稻起源研究中的地位 [J]. 云南社会科学，1981（1）：69–73.

有机循环系统。稻、鱼、鸭共生系统的生产方式，保障了生活所需要的根本的物质条件。由此也可以看出侗族是一个以种植水稻为主的农业民族。

侗族人十分勤劳，一年的农事活动安排得井井有条。正月砍柴堆放，二月翻地拓荒，三月浸种下秧，四月耙炼田塘，五月耨牛催膘，六月种棉薅苗，七月修割田坎，八月铲茶油山，九月铡禾上晾，十月放禾归仓，冬月修补田塘，腊月齐家欢唱。① 从江县小黄村的侗族人根据传统的农业生产经验，把一年生产安排编排成歌谣吟唱。

下面是从江县朝利村侗族一年四季的传统农事活动：

一月：男人砍柴、堆柴，女人纺纱织布。

二月：男女挑粪、堆粪（制作农家肥）。

三月：男人修沟、整田、耙田，女人挖地种菜、采秧青。

四月：男人耙田、整水、下谷种，女人挖地种棉花。

五月：男人耙田、开垦火烟地，女人栽秧。

六月：男人割田埂、喂牛、垫牛圈，女人薅秧。

七月：男人割田埂，女人采蓝靛、制蓝靛、收辣椒、晒辣椒。

八月：开始收割水稻。

九月：收割水稻、摘糯禾，谷子和糯禾基本收完。

十月：收黄豆、红薯、棉花。

十一月：砍柴、收完坡上的作物。

---

① 　吴翔雄. 湖南侗族风情 [M]. 长沙：岳麓书社，2003：29.

十二月：砍柴、挑柴、犁田。[①]

黔东南侗族的饮食结构比较单调，主食糯米和籼米，小米、玉米以及各种豆类等杂粮，只有缺粮或年节喜庆时才加工食用。副食包括红肉类（猪、鸡、鸭、鹅、牛）、鱼类、蔬菜等。传统饮食以米饭和蔬菜为主。糯米饭及其衍生的食品，如油茶、糯米苦酒、甜酒和烤酒，也较常用。鱼是侗族人民生活中不可或缺的食品，家常便饭、年节祭祀、请客送礼，都离不开鱼。除一般的煎、蒸、煮等食鱼方法之外，还有腌鱼、生鱼、烧鱼、冻鱼等特殊吃法，丰富的鱼资源得益于侗族人民十分发达的稻、鱼生产模式和养鱼技术。

水稻不仅是侗族生活所需的主食，还是侗族礼仪文化的载体，也是侗族节日文化的标志。如侗族谚语所云："无糯不成侗"。糯米是侗族人礼尚往来的珍贵的礼物，凡是红白喜事、建新房、添丁生子、老人过寿，亲戚或者朋友都要以糯米为礼品赠送给主家。侗族主要的节日饮食都离不开糯米，如：春节时的油茶、糍粑；五月端午节的糯米粽子、糍粑；六月六尝新节刚刚出穗的糯米等；糯米饭还是祭祀神灵不可或缺的主要贡品，如祭萨岁、祖先等仪式中都可以看到糯米的踪迹。

在黔东南侗族地区，生活礼仪中处处可见稻作文化的影响。如果老人去世，家中的儿子会在床前放几碗糯米，然后再放一条干鱼或腌鱼。在男性死者的身体上，还会放置一件农具，这意味

---

① 吴嵘. 从江县朝利村侗族传统稻耕技术调查 [M]// 贵州省民族事务委员会，贵州省民族研究所. 贵州"六山六水"民族资料调查选编：侗族卷. 贵阳：贵州民族出版社，2008：425–456.

着死者也可以在阴间自己耕种和生产。将丝线、梭子等工具放在死者胸前，后世的孩子们会穿草鞋，腰缠草绳。糯米也是婚姻习俗文化的物化内容。侗族在婚礼中送亲时，亲友们要用扁担挑上一定数量的稻米表示庆贺。

侗族人把稻米视为生命和希望的象征，在建新房立排扇之前，要进行祭祀活动，糯米粑、稻谷是不可或缺的祭品，主人把新收割的稻谷用绳子捆好，一捆一捆地摆放在祭台前，有五谷丰登、风调雨顺的象征意义。在建新房子上宝梁仪式的时候，要把成担的稻谷放在房梁上，留给小鸟们来吃，可见侗族人民尊重天地万物，崇尚"万物有灵"。

侗族的稻作农业生产模式立足于山区特定的地理环境和自然条件，经过长时间的积累，创造出侗族稻作农耕文化，从某种意义上讲对人类文明的多元化作出了比较突出的贡献。

1. 帮工换工

侗族是一个极为团结的民族，无论是家庭与家庭之间、房族与房族之间，都是协作互助的。这种淳朴、团结的民风是世代相传的。因为在侗族传统的农耕社会，生产力水平极其低下，侗族人只有通过帮工、互助的劳动协作模式，才能抵御自然灾害。在侗族民间，还保留着原始的互助习惯，如春耕、秋收、砍柴、摘棉、砍树、开垦新地时，往往三五成群地换工。

在侗族社会生产生活中，无论农事生产还是社会生活，房族、亲戚、朋友之间存在着"帮工""换工"的互助习俗。"帮工"互助的方式有两种形式：一种是房族和亲戚之间的帮工，另一种是无血缘和亲戚关系人之间的帮工。但不论有无血缘、亲戚关系，帮工都是根据主人需要而为，天数可多可少，双方不讲究"对等"相助，也不论房族、亲戚、朋友有邀请还是没有邀请，如建房等这样的大事，整个寨子的人都会根据自己的时间安排前去帮忙。侗族社会生活中的帮工互助习俗，人们称为"帮人情工，吃人情饭"，而"人情工"的范围很广，帮工中有技术的帮技术工，无技术的就帮体力工，有钱就帮钱，其原则是"能做什么就帮什么"，主人则要以饭食款待。"换工"一般讲究"对等"相助，如传统农事生产中的犁田、栽秧、运肥、打谷、摘禾等，都是你帮我一天，我帮你一天，或我先帮你完成某事，然后你再帮我完成某事。榕江县栽麻镇归柳村和大利村，从江县西山镇滚郎村一带侗族村民建房子的过程，依旧是这种传统的"换工"方式。人们进山砍伐木材、立排扇、上梁等，都是全寨子的劳力"换工"互助进行的，今年这家的房子建好了，明年换工帮建另一家，这样建房成本大大降低，同时效率得到提高。

2. 相伴做活

除"帮工""换工"之外，侗族还有一种称为"xeeng lgaov"（相伴做活）的习俗。这是侗族沿袭下来的淳朴民风。在播种棉花的季节，男女青年一起工作，今天在你家种棉花，明天到我家挖土，摘棉季节也在每个家庭轮流帮助，做谁家的工作，在谁家吃饭，大家在生产生活中充满乐趣，同时在劳动过程中建立了深厚的友谊和感情。在婚礼、丧葬过程中，除了互相帮助外，更多的是在家人、亲戚、朋友之间进行经济援助。比如侗族很多婚礼上的礼物都是由亲友们赠送的，寄托了对新人最美好的祝福。小孩满月、老人过寿、婚礼、葬礼、建房子等这些重要的活动请酒，寨子里的亲友们会自发地组织在一起，不要任何酬劳，帮助主人准备请酒所需要的东西。这种相伴做活的方式不仅有效地解决了家庭劳力不足、生产力水平低下的问题，还增强了家族成员之间的凝聚力，增进了亲友之间的交流，使人与人之间的关系更加团结、和谐。这些人与人之间的互助遵循风俗习惯，使侗族社区形成友好和谐的氛围。图 2-1 所示是大利侗寨一村民结婚，全寨子的人都来帮工、相伴做活的场景。

图 2-1　大利侗寨婚宴，侗寨人帮工互助的场景
来源：作者摄

2.3　黔东南侗族文化构成

2.3.1　社会文化

1. 宗族亲群为中心的社会交往

以"支系"为中心的部落社区空间，从远古时代一直沿袭到今天。侗族村落是一个以血缘亲群为纽带的社区空间结构，构成了一个独立的社区空间。其组建和构成方式：家庭—房族—宗族—村寨。同一个支系的村寨分布在相邻的地域空间，形成具有血缘关系的亲群空间。在这个以血缘为核心的亲群空间中，传承着侗族社会的宗族文化或者说是部落文化，从而在现实习俗生活之中形成强烈的亲群集团观念。

侗族交往的形式多为群体性活动，以联谊、联姻、增强亲群集团的集体意识为主要目的。群体交往活动的时机和场合，主要有节日期间的集会娱乐、婚丧娶嫁、立新房、新婚夫妇首次回娘家、新生儿满月等；送礼、走亲作客，春种秋收中集体耕作；节日期间或农闲之时青年男女间的情爱交往联谊，如"行歌坐月""爬窗谈情"等。

农耕劳动作为一种重要的交际活动，是原始公社时期"群耕"习俗的遗风，它与"帮工""换工"性质不同，虽有互相帮助的因素，但更注重联谊。

2. 款组织

宋朝时期，传统侗族社会就产生了一个具有法制约束性质的民间社会组织，叫作"款"，其本质上是一种村寨与村寨之间的盟约组织，是建立在民间的具有自治和自卫性质的组织。宋人李诵在《受降台记》中载："淳熙三年（1176年）靖州中洞的侗族百姓环地百里合为一款，抗敌官军"。朱辅在《溪蛮从笑》中也记述侗族地区："当地蛮夷，彼此相结，歃血誓约，缓急相救各曰门（盟）款。"侗族款组织按照组织的大小分为大款和小款，这种具有民间政治制度和法律约束的款组织，在侗族地区直到20世纪50年代仍旧保留着。

以地域为纽带、带有军事联盟性质的款组织，以辖区大小分为小款、中款、大款和联合款。几个或十几个相邻的小款可以联合成大款。在这个特殊的历史时期，由于生产力的发展和私有财产的出现，各个村寨之间的矛盾逐渐增多，寨子之间出现了各种社会不良现象，款组织的产生是为了维持正常的社会秩序并且保护本族族人的各项权利。

款的产生缘由，可在侗族《立约款》中了解到：最早的时候村寨里没有款，相当于行事无任何的规章制度。村寨里做了好事情不表扬，做了坏事情不会受到惩罚。内忧外患无法化解，偷盗之事屡屡出现，如偷菜、偷摘瓜果、偷别人家里的鸡、鸭、牛、猪等牲畜。有些人不务正业，作恶多端，他们白天持刀偷盗民舍、滥杀无辜，给别人的家庭带来灾难，导致村寨不太平，人心不安宁。所有的老百姓都希望能够过上安宁的生活，希望坏人能够得到应有的惩罚。各个村寨派代表相聚一堂共同商议村规民约，在此基础上制定规章制度，并且杀牛盟誓。可见，侗族款组织的建立不是强制性的，而是建立在自愿和平等基础上的。

在侗族社会中人与人都具有平等的权利，如果关系到整个村寨集体的事情，由每家每户派代表来参加村民会议。在侗族村寨，村民集体会议的决策是至高无上的，任何人不能逾越。因此，在侗族社会由村民会议制定的"款约"，是所有村民必须遵循的规则。在侗寨里由德高望重的男性族人担任寨子的族长、寨老。作为村寨的首脑，他们只能按照众人商议的会议结果行使职责，虽然有年高德勋影响力，却没有特权逾越其他人的权利。

3. 寨老

寨老制是侗族内部基本的社会制度之一。寨老是村寨的自然领袖，寨老的产生是根据年龄和道德修养等多方面因素，由民众一起推选出来的，这是在长期的社会生活与实践中形成的。每个寨子一般有几个德高望重的寨老。寨老的主要职责是主持召开村民会议，惩处违反款约的人员；调解村民内部氏族之间的纠纷；制定村庄规章制度；维护村庄社区的公共安全以及公共和私有财产的权益；代表村庄解决与邻近村庄之间的冲突和纠纷。寨老是村寨事权的负责人，维护当地民俗习惯，解决村民纠纷，建立公益事业，组织群众性娱乐活动。由于侗族村寨大多是聚族而居，血缘关系在社会生活中起着重要的作用。当前在侗族农村，特别是在边远农村，寨老和乡规还在发挥其效能，传统的伦理道德观念仍在指导人们的行为规范。

4. 活路头

"活路头"是侗族村寨组织中一种古老的生产管理组织和制度。这种生产管理组织和制度，有些村寨直到近代都还存在。每当新春伊始，"活路头"便带领村民举行农耕仪式。"活路头"既没有报酬，也没有特权，纯粹是尽义务。"活路头"由本寨老户中男性成员担任，一般是世袭的，父死子继。如遇特殊情况，如连年旱、涝、虫灾等自然灾害，经巫师占卜，认为天意要更换"活路头"时，才可更换。更换"活路头"时，若在本寨找不到适当人选，可由巫师占卜择定，即经卜定某日为选新"活路头"的日子，当天第一个进入该村寨的外来男子，不论他年龄大小，即邀请他充当本寨的"活路头"。如果被选为"活路头"，村寨给他以优待，如他尚未成婚，可任由他挑选本寨的一位姑娘成亲，给一份良田自耕自食。外寨来的新"活路头"，要举行入族仪式，加入原"活路头"的家族，成为该家族的一位新成员。

2.3.2　精神信仰文化

人类的历史从未离开过神话，神话中圣人被赋予了神秘的色彩。他们创造了世界，创造了人类，因为他们的保护，人类才幸存下来。黔东南侗族地区原始森林茂盛，高岩深谷，构成了许多神秘的自然景观和魔幻意象。在古代，侗族因对这些现象不理解，感觉到这是超越他们自身的神奇力量，于是对大自然便产生了崇拜和敬畏，在黔东南侗族地区便形成了多神崇拜。山、石洞、潭，还有各种动物，都能被崇拜，原始宗教盛行，鬼师也就应运而生。人们的恐惧、希望、焦虑等情绪会使得在其体内产生一种不平衡，不得不寻找一种替代的行动，这会产生一种主观的价值，使人觉得接近于目的，因此又得到了生理平衡……所以，巫术的功能，在个人方面，可以增加自信，在社会方面，它是一种组织的力量。①

1. 自然崇拜

自然崇拜是侗族精神文化的基础，它是对奥秘自然力量的崇拜。在生产力水平低下的侗族村落，人们对自然的认知是有限的，认为自然界的各种现象都是由神灵来掌控的，因此产生了将自然现象和自然物作为崇拜对象。侗族人认为"万物有灵"，在侗族人的脑海里认为天地之间的万事万物都是有神性的，这些神性与人们的旦夕祸福息息相关。因此在侗族人心里，无论是高山、古树、巨石、河流、桥梁等，都是无比神圣的，可以被当作神来崇拜。因此，有神灵的山岭不能挖，古树也不能乱砍，巨石也不能开凿，如果违反，就会被认为损伤了"风水龙脉"，会给人类带来灾害。对于风雷雨虹、日月星辰等，人们也都有着自己的看法，总认为这些都是上天的安排，是神灵的意志，于是产生了对雷神、风神、月神、日神、山神等若干神灵的崇拜。侗族人认为自然界发生的地震、洪水、干旱等自然灾害是人们的行为不当而招致的神灵惩罚。

2. 图腾崇拜

图腾崇拜也是侗族民间信仰的内容之一。在侗族氏族社会时期的宗教信仰中，在侗族许多古歌描述的神话中，动物或植物被重新赋予了新的定义，他们认为自己的祖先来源于这种非同一般的植物或动物图腾，是本民族最古老的始祖。

---

① 马林诺夫斯基. 文化论 [M]. 费孝通，等，译. 北京：中国民间文艺出版社，1987：66.

图腾崇拜产生于原始社会时期，从现存的某些信仰活动来看，侗族地区虽然不具备完整图腾崇拜的全部特征，但是仍然残存图腾崇拜的迹象。黎平、从江等侗族地区，一些人家对水牛进行崇拜。有的人家将在斗牛比赛中取得过冠军的牛死后的牛角悬挂在村寨鼓楼的梁上，以供后代敬仰和观瞻，向外人显示其在整个村寨中的影响力（图2-2）。在从江银潭侗寨，村民们自发为在历届斗牛活动中得到过荣誉的牛建立牛坟，又叫牛冢。在侗族很多村寨如高增、岜扒、银潭都给参加斗牛活动的牛建有"牛宫"，全寨子的人来供养这些牛（图2-3）。住在"牛宫"里的牛是全寨子的人众筹款项采购的，一般一头牛的价格在10万元左右。对于这头牛的照顾有严格的分工，具体到每家每户给牛割草的时间安排和分配，而且有人专门喂养和照看（图2-4）。有的地方养的保家牛或保寨牛，既不能劳役用，也不能宰杀，只能任其老死，死后人们还犹如对待家人去世，举行葬礼进行掩埋。如果家里有孕妇，家人或族人梦见有水牛进到屋里，则认为是将要生贵子的预示。一些地方对水牛定期举行敬祭，分别把农历的四月初八或六月初六作为祭牛的日子，称为"牛生日""祭牛节""洗牛身"。节日那天在牛厩的门前，摆设各种供品，并且焚香化纸，请牛庇佑平安。侗族人还认为牛的毛发和长相与人的生死祸福

图2-2　朝利鼓楼牛头
来源：作者摄

图 2-3　银潭牛宫
来源：作者摄

图 2-4　高增侗寨专人喂牛
来源：作者摄

以及村寨安宁有联系，因此在购买或饲养牛的过程中都十分注意挑选。

侗族很多民俗现象也表明侗族祖先曾信仰鱼图腾。比如侗族信仰崇拜的始祖母"萨岁"，又称"萨玛"，在侗语中"萨"的发音与"鱼"的发音相同。又比如，鼓楼是侗族神圣而又有特殊社会功能的民俗建筑，根据侗族古歌，鼓楼的建筑形式是模仿"鱼窝"而来，《侗族祖先哪里来》记载：

鲤鱼要找塘中间做窝，

人们会找好地方落脚；

我们祖先开拓了"路中寨"，

建起的鼓楼就像大鱼窝。①

侗族古歌里把鼓楼比喻成是鱼窝，鼓楼如鱼窝一样把大家汇聚起来。侗族是一个以鱼为图腾的民族，侗语称鱼为"萨"，称祖母也为"萨"，在祭祀的时候一定要有鱼。我们已经知道百越民族文化是一个与水相关的文化，百越人与鱼之间有着密不可分的

① 张民，普虹，卜谦 . 侗族古歌：下卷 [M]. 贵阳：贵州民族出版社，2012：145.

图 2-5　侗族腌鱼

来源：作者摄

关系。侗族作为百越民族的后裔把这种文化基因一直传承下来，我们在侗族人的日常生活中时刻可以看到鱼的影子，侗族建寨多依水而居，潺潺的流水给侗族人带来了一种日常美食。侗族人会把从河里捕捉回来的鱼或者从水田里抓回来的稻花鱼，用辣椒和糯米加上侗家独有的腌渍方式做成"腌鱼"。有的村寨如龙额、地坪等地，婴儿一出生，家里人就开始为他制作腌鱼，以后逐年增加，这些鱼用来招待亲友或者用来祭祀。鱼是侗家人的美味食品和营养补充，侗族人在祭祀祖先时鱼也是其中最重要的祭品（图 2-5）。

侗族是崇拜鱼的民族，在侗族地区的鼓楼、风雨桥、寨门、戏台的装饰上都有鱼的图案。在小黄侗寨、丰登侗寨、肇兴侗寨鼓楼的歌坪上我们可以看到"三只鱼共一个头"的图案，意为侗族人民团结齐心（图 2-6 ~ 图 2-8）。在侗族女人的头饰上也可以发现大量鱼的图案（图 2-9）。

黔东南侗族地区的一些村寨，有的会认为某一家族属于"蛇神"，侗族古歌这样传唱道：

当初龙公住在岑阳坡，

取名敖光从那上界来。

上界下来结情侣，

图 2-6　肇兴侗寨三鱼地坪
来源：作者摄

图 2-7　小黄侗寨三鱼地坪
来源：作者摄

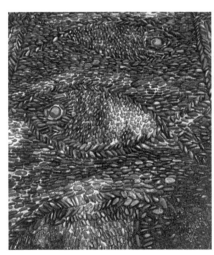

图 2-8　丰登侗寨鱼形地坪
来源：作者摄

图 2-9　侗族女人头饰
来源：作者摄

结成夫妻生下蛇龙崽。[①]

侗族人认为蛇是他们的祖先，如果他们在去坟墓敬拜时看到蛇在祖先的坟墓附近移动，他们会认为这是祖先显灵。不能吓到或赶走它们，而只能让其顺其自然地离开。如果一条蛇进了屋子，会被认为是祖先的灵魂化身成蛇，于是当场烧香、焚纸进行祭拜。在黔东南侗族有些地方，建有蛇神庙，供奉蛇神，寨子里的人们经常开展敬拜活动，祈求蛇神庇佑和保护村庄的安全并赐福于村寨。

侗族仍旧保留着卵图腾的遗迹，侗族姑娘嫁人时，她的家人会把八个红鸡蛋和红白糯米藏在嫁妆中的被窝里，代表全家人美好的祝福，希望新婚夫妇婚后不久就能生贵子。在日常生活当中，有的人家常将蛋壳穿成一串，挂在大门枋上，表示所孵的鸡蛋、鸭蛋完好无损、个个成活，象征瑞气临门，鬼怪不敢入侵。有的人家用树枝将蛋壳穿成串，插在棉花地上，认为可以保棉桃累累，洁白如雪。还有的人家将蛋壳与辣椒串在一起，悬挂在染缸边，以避妖邪干扰，使染布顺利如意。

侗族人认为蛋可护幼避邪。家长带着婴儿到外婆家行满月礼，或携儿童出远门时，必须将鸡蛋或鸭蛋放在网中，挂在胸前，或放在口袋里，认为这样可以防止鬼魂袭击，安全出行。如果有年幼的孩子脸色苍白而又瘦弱，食欲不振，侗族人认为这是"失去灵魂"，会将鸭蛋或鸡蛋放进饭篮，带到村外焚烧香纸，呼唤孩子灵魂回来。回家后，再把篮子放在枕头旁边，等到半夜，大人把

---

① 张民，普虹，卜谦. 侗族古歌：下卷 [M]. 贵阳：贵州民族出版社，2012：132.

米饭和鸡蛋煮熟之后让孩子吃，寓意"灵魂已经归来"，这样孩子
的病即可痊愈。

3. 祖先崇拜

侗族人认为自己的长辈死了以后，居处冥界，但仍然能保
佑一家人的健康平安，富贵绵长，因而十分重视丧葬事宜。如选
择墓地、吉日吉时出丧入葬，非常重视清明节登山扫墓，又叫
作"拜山"。同时，还在家里安设祖先牌位，长年供奉。在黔东南
侗族地区，在堂屋正壁供奉着祖宗的照片，立有神龛，摆设香案
（图 2-10）。逢年过节，婚丧喜庆，都要在神龛前陈设供品，举行
祭祀活动，甚至初出远门、登门求婚、经营生意、买卖牲畜、下
河捕鱼、进山伐木、远送贵客、诉讼赴审、出征抗敌、女子出嫁、
迎亲送亲等，都要先向祖先敬祭，求其赐福，冥冥之中相助，使
子孙后代能够如愿以偿。等这些事情办完回家以后，又要继续敬
祭转达事情的结果，以致谢意。在日常生活中吃饭，也要请祖先
坐席共饮，特别是喜庆佳节和款待宾客，还要在桌上多摆双筷子
和一只酒杯，留一空席，让祖先就座，家中长者举杯，往地下倒

**图 2-10　大利侗寨民居
神龛**
来源：作者摄

几滴酒，用筷子点点桌上的菜，请祖辈先动筷，大家才开始用餐，这是侗族人典型的祖先崇拜习俗。

在黔东南侗族地区，一个有血缘关系的自然村寨一般情况下都设有一个宗祠。过去，除了作为祭祀场所，宗祠还应是处理内部事务的场所，本村寨重要的礼仪如丧礼、嫁娶、冠礼等基本上都是在这里进行。如果族人或家庭之间发生矛盾或纠纷，寨老们会约大家到祠堂进行处理和裁决。一方面，宗祠在一定意义上有公堂的性质；另一方面，纠纷和重要的事件在宗祠解决，还显示了侗族人对于祖先的敬畏之心。在黎平县茅贡乡地扪村有一座塘公祠，地扪的人们认为塘公是他们的祖先，因此有祭塘公的传统（图2-11）。地扪侗寨村民吴顺华口述有关塘公祠美丽的传说：

很久以前，地扪有个叫"塘"的小男孩，他生于斯长于斯，对地扪有深厚的感情，长大后考中状元，官至宰相。白驹过隙，晚年的塘身在京城，日思夜想要落叶归根，但直到去世也没能实现这个愿望。后来，塘托梦给地扪的乡亲，于是乡亲们合力建造了一座塘公祠。传说塘公祠四周古树成荫，屋底有口清凉的泉井四季长流，成群的鲤鱼游弋在祠堂前的水塘中。自塘公祠建好后，地扪常年风调雨顺，五谷丰登，好像安泰祥和的世外桃源。因此，地扪侗寨的人们都把塘奉为

图2-11　地扪侗寨塘公祠
来源：作者摄

神明，逢年过节都要到塘公祠祈求塘公保佑村寨祥和、老少平安，去读书的人有个好成绩，保他一路平安。传说固然带着夸张的神话色彩，却寄托了地扪一代代侗家人对故土深切的眷念。

塘公祠的建筑是两层的干阑式结构，建筑底层空悬离地，建筑样式沿袭着侗族建筑的建造形式，房屋起翘的翼角如大鹏展翅一般给建筑增添了几分活力。建筑内配有回廊，镂空的窗饰不仅具有装饰和美观作用，而且日光可以直接照射到塘公祠内。堂屋内供奉着塘公的灵位，逢年过节，村寨里的人们，上至耄耋老人，下至年幼的孩子，都会来祭拜塘公。

4. 萨岁崇拜

萨岁崇拜是侗族精神文化信仰中最核心的内容，在许多侗族地区，流传着这样的一句谚语："侗族以萨岁为尊，汉族以寺庙为大。"可以看出萨岁在侗族人心目中的地位。

萨岁的真名叫婢奔（beibenv），死后被称为神女（xaentnvyux），有的汉译为"杏妮"，"萨岁"是后人对她的尊称。传说她生前带领乡亲反抗封建地主压迫剥削，打死财主李从庆，在朝廷当官的李家儿子李点郎得知父亲被杀害，田地和财产被瓜分，于是便亲自带领 8 万官兵进行讨伐。婢奔带领众乡亲英勇作战，退守九层岩（nanh jus saengc）上，李点郎手持金印，追到九层岩。因寡不敌众，婢奔跳下悬崖，牺牲于黎平县境内的弄堂概（longldangc qkeip），死后变成神女，继续带领侗族乡亲们与敌人进行战斗，最终打败了敌人，赢得了胜利。

侗族群众感念这位民族英雄，把她当成民族保护神"萨岁"来崇拜。笔者田野考察发现，萨岁崇拜是黔东南侗族地区广泛存

在的一种宗教信仰现象。萨岁在侗语中的含义为"圣祖母"或
"至高无上的祖母"。在黔东南侗族地区人们的心目中，萨岁是最
受尊敬的、地位最高的圣祖母，是村寨的保护神。萨岁崇拜是侗
族最具特点的民间信仰崇拜，现今在黔东南侗族的黎平、榕江、
从江、锦屏等地还举行规模较大的祭萨宗教活动。侗族民间的
《祭祖歌》中这样唱：

　　未立门楼，

　　先置地祇。

　　未置门，

　　先置"柄地"。

　　从该祭祖歌中可以看出侗族每迁到一个新的地方，或建立新
寨子，必先设置祭萨的场所"地祇"，以"萨岁"或"萨柄"为
"地祇"之神，由此可见萨岁在侗族人民心目中崇高的地位。

　　正月是举办祭祀萨岁活动的时间。黎平县腊洞镇地扪村每年
农历正月十五的千三节就有祭萨的风俗（图2-12）。在节日当天，
侗寨门前还会摆上方桌、条凳、米酒、腌鱼、纺器等（图2-13）。

图2-12　地扪侗寨千三节
来源：作者摄

图2-13　地扪侗寨祭萨
来源：作者摄

客人到，芦笙响，歌声起，鞭炮鸣，喝过寨门酒之后，姑娘小伙簇拥着客人进寨。中饭后，铁炮声震耳欲聋，接到铁炮的信号之后，村民便排好纵队出发，齐聚风雨桥桥头。走在队伍最前端的寨老身穿绣着龙图案的红色丝绸袍子，走在后面的寨老们身着丝绸马褂和蓝色长袍，众人都跟在寨老的后面，在村寨里游行。走过几圈之后，寨老们一起走到萨坛前开始祭祀活动，此时众人都怀揣着恭敬、虔诚的心来祭祀萨岁。紧接着众人再一齐列队走到塘公祠来拜祭塘公，祈求村寨能够得到神仙的庇佑，希望村寨今年能够风调雨顺、五谷丰登，村民们都能平安喜乐。等到祭祀活动结束后，各种娱乐活动就开始了，如侗戏表演、踩歌堂、斗牛等。

5. 万物有灵

侗族人一直崇尚"万物有灵"的观念。费尔巴哈曾经指出"自然界是宗教的原始的物件，第一个物件"。他的这段话，比较明确地概括了原始宗教的基本特征。原始人的全部生活和活动与自然界有着直接的联系，他们崇拜自然。

原始人的生活以自然为依托，因此他们崇拜的是自然万物的形象，例如高山、湖泊、海洋、鸟类和其他动物。原始人的生活范围非常有限，因而他们认为自己的地域便是整个世界。原始人的信仰并不是一般的自然现象，而是用他们的观念无法解释的自然现象，特别是对他们的生活方式有巨大影响的自然现象。

在黔东南侗族地区，人们信奉所有的山川、河流、巨石、古木、水井、土地等，这些都是有灵之物，都是崇拜的物件。侗族人认为山脉不能随便挖，古木不能随便砍，水井不能随便污染，否则会破坏风水，给全寨子带来灾难。比如在侗族很多地方人们认为村边最古老的古树能够保佑儿童健康成长，因此会请巫师给孩子做法事，请神树给孩子做"保爷"，保佑孩子健康成长。每年正月，家长们会带着孩子提上一些贡品，对神树进行祭拜，然后在神树身上贴满纸钱以此来为孩子祈福，祈求神树庇护孩子长命百岁。

6. 天地人神，四维合一

"天地人神，四维合一"是侗族民间易理哲学和侗族神话哲学的基本观点。"四维"是侗族民间易理天、地、人、神的宇宙维度区划，"四维观念"则是人们对天、地、人、神及其关系的认知与看法。在侗族民间易理中，人们对天、地、人、神之间的维度界定是："天"为"上界"，"地"为"下界"，"人"为"阳界"，"神"为"阴界"。或者说"天界为上，地界为下，人界为右，神界为左"。侗族人认为上有日月星辰，下有万物生灵，阳有男女老少，阴有神灵鬼怪。

天、地、人、神观念（四维观念）认为：他们各自既是相对独立的"一维"空间，又是"合一"的整体性的部分，"四维"之间既有明确的概念的区分，但又没有明确的界线。所谓"有明确的区分"，是说天有"天界"，地有"地界"，人被称作"阳界"，神有"神界"（阴界）；所谓"没有明确的界线"，是说"天界""地界""阳界""阴界"之间不仅不相互"阻隔"，而且永远"互通"，四维之间虽然互为"他者"，却又互为"邻居"。"邻居"之间可以"相互往来和对话"，并能和睦相处。这种观念反映在侗族祭神的念词中，被表达为"天合和、地合和、人合和、神合和"，所以"四维"观念，是侗族的世界观，也是侗民族的方法论，是侗族对于天、地、人、神关系的主张倾向、态度和信念的系统观点。

2.3.3 娱乐文化

走进侗乡，我们会被侗族丰富的文化娱乐活动吸引，侗族是个对生活充满热情、能歌善舞、友善团结的民族。在黔东南侗族地区娱乐文化的种类非常丰富，有民歌、戏曲、曲艺、器乐、舞蹈等。

1. 侗族大歌

侗族大歌是侗族多声部合唱歌曲，侗语称"嘎老"或"嘎玛"。"嘎"即"歌"，"老"和"玛"都有"大"的含义，但"老"还具有"古老"的含义。"大歌"是侗族人民在长期的历史发展过程中创造的，由各个村寨的"歌师"教授传承下来。笔者田野调研发现，在黔东南侗族地区无论男女老少，都会唱侗歌。侗歌不仅是他们文化娱乐的一部分，也是他们交友互动的一种方式。侗族大歌是一个具有多音部节奏的复调音乐体系，并且是无人指挥的原生态民间大合唱，包括"鼓楼大歌""礼俗大歌""童声大歌"等种类。主要流行于南部方言侗族地区都柳江水系的黎平、从江、榕江三县。从江县和黎平县的"六洞""九洞""十洞"等地区为其流行的中心区。从江县高增乡小黄村1993年被贵州省文化厅命名为"侗歌之乡"，1996年被文化部命名为"中国民间艺术之乡"。

2. 戏曲

侗戏的历史非常久远，最早可以追溯到清嘉庆、道光年间，黎平县茅贡镇侗族文人吴文彩，在本民族说唱艺术的基础上借鉴汉族的戏剧形式以侗族的歌唱为曲调，将汉族的一些戏曲改编成侗族戏剧的脚本，在侗族地区传唱，从此侗族便有了自己的民族戏剧。如今侗戏已经被列为国家级非物质文化遗产项目。黔东南侗族地区侗戏的爱好者比比皆是，大家自发组织侗戏班子。每逢节庆，侗戏便成为村寨之间的交流娱乐活动，因此侗族地区的人们对于侗戏有着很深厚的感情。

3. 琵琶歌

侗语称"君琵琶"（jenh bic bac），此曲种流传面广，因各地侗语和唱腔不同，形成各自不同的风格。贵州境内大致可分为"六洞弹唱""四十八寨弹唱""七十二寨弹唱""平架弹唱""榕江弹唱"（河边弹唱）等，均只有主腔，没有属腔。

4. 器乐

侗族器乐包括管乐、弦乐和打击乐。侗族的管乐器有芦笙、侗笛等。弦乐器有琵琶、牛腿琴、胡琴、土扬琴等。牛腿琴是侗族特有的弦乐器，形状似牛腿一样，有两根琴弦，弓子放外边，又被称作"果吉"，可以同时触及双弦发出双音，演奏的音乐被称作"果吉拉唱"。胡琴是侗族创造侗戏以后，从汉族乐器中引进的乐器，用来为侗戏演唱伴奏。打击乐器有铜鼓、木鼓、锣、铃等。

5. 舞蹈

侗族舞蹈主要有多耶舞、芦笙舞、龙灯舞、龙蜕皮、羽键舞等。"多耶舞"中的"多耶"（dos yeeh）是侗语，即唱耶跳耶，汉译为踩歌堂。踩歌堂为侗族的一种集体歌舞形式。侗族信奉至高无上的女神——萨岁，每年农历正月、二月凡有萨岁祠或萨坛的村寨都要开展祭萨活动，集体"多耶"。"耶歌"清唱，无乐器伴奏，音乐进行平稳，多为级进，少有跳进。"多耶"时，参加者手把手或手搭肩绕成圆圈，边唱边舞蹈。侗族芦笙舞多在祭萨、节庆的时候进行表演，吹芦笙的为男性，边吹边跳。龙灯舞，侗语叫"耍龙"，原本是汉族的一种娱乐活动，后来在侗族地区流行，深受侗族百姓的喜爱。

第 3 章

黔东南侗族建筑分类及空间分析

3.1 侗族建寨的类型及原则

3.1.1 侗族建寨的基本类型

侗族村寨的聚落，在依山傍水这个大原则下，又可以进一步分为三种聚落模式。

1. 山脚河岸型

侗族村寨位于逶迤而来的龙脉山脚或山麓，紧紧依靠龙脉，面临溪涧、江流。山脚河岸型是侗族聚落类型中最主要的一种模式，榕江、从江、黎平三县山脚河岸型侗寨村寨约占侗族村寨总数的80%以上。侗族人依山傍水而居，主要就是以这种村寨模式。在侗族比较集中的分布区里，顺着溪涧和江流，在缓缓逶迤下来的山麓及河岸边，往往三里一村，四里一寨，错落有致点缀在溪涧两岸。一条溪流沿岸往往串联十几个甚至几十个大小不一的侗族村寨。侗族地区比较著名的寨子，几乎都是这种模式，如黎平的肇兴、顿洞，榕江的宰荡，从江的高增、小黄、占里（图3-1）、龙图。这些村寨类型可以视为侗族村寨山脚河岸型的代表。

2. 平坝田园型

在支流与主河道的交汇处，往往形成一个相对平坦开阔的泥沙冲积台地，当地人通常称为水坝，侗族村寨就坐落在这样的大坝里，如榕江县的车江大坝（图3-2）。黎平中朝大坝、洪州大坝等也是此类型的代表。水坝中的村庄通常建在稍高的地方，与周围的乡村形成自上而下的辐射关系，或者建在大坝边缘的丘陵上，

图 3-1　占里侗寨（山脚河岸型）
来源：作者摄

紧挨着大坝，面对着大坝。村庄的住房分布相对规律，通常基于姓氏碎片状居住。不同的世系在生活空间中被清晰地区分，给人一种统一和谐的节奏感。

3. 半山隘口型

这些村寨一般分布在水源充足的半山腰，仍旧延续着依山傍水的村寨构建模式，建筑分布高低错落，干阑式民居分布在山脊，层层叠叠，构成有序的空间形式。榕江县的归柳侗寨、大利侗寨（图 3-3）是这种村寨类型的典型代表。

图 3-2　榕江县的车江大坝　　　　　　　图 3-3　大利侗寨
（平坝田园型）　　　　　　　　　　（半山隘口型）
来源：作者摄　　　　　　　　　　　来源：作者摄

3.1.2　侗族建寨的原则

"聚"是侗族民居的建造原则。在遵循这一原则的前提下，侗族"聚落"是按照一定的文化规则进行组合的聚落空间形态。侗族建筑也反映了侗族的物质文化和精神文化，是侗族文化的重要标志。如果我们把侗族建筑同周围的各种文化现象联系起来，就会发现侗族建筑与周边的环境形成了一个具有相当整合能力的强大的文化集群。它既包含了侗族生存的自然环境，又包含了侗族生活方式的现实空间。

侗族建寨的第一个原则是风水。根据侗寨寨老和掌墨师的口述，笔者了解到侗族村寨建寨是基于风水理论，在占卜择地时讲究与天地万物和谐一致，这是侗族的宇宙观与精神信仰中的"万物有灵"的有机结合。"风水"说，古已有之。郭璞《葬经》曰："葬者，藏也，乘生气也。气乘风则散，界水则止，古人聚之使不散，行之使有止，故谓之风水。"《朱子语录》曰："古今建都之地，莫过于冀所谓无风以散之，有水以界之也。"《群书札记》曰："葬者云，乘风则散，界水则止，此风水二字所由始也。"汉时就已将堪舆（风水）列为占家之一。

侗族盛行"风水"，其重要体现为"聚气使不散"。侗族村寨往往是具有血亲关系的聚落空间，一个村寨基本上是一个家族。因此，侗寨祖先希望他们的子孙繁衍生生不息，希望自己的村寨人兴财旺等这些美好的愿望都托付给了"风水"。侗寨祖先认为宅基有着"贯气"的作用，如果村寨的"风水"聚气，则村寨子孙兴旺，平安康乐。如果"风水被冲断"，会飞来横祸，甚至家破人亡、断子绝孙。侗族的风水观念是侗族建寨的基本原则，在这个宇宙观的基础上，无论是庇佑村寨的"风水树林"，还是横跨于河流上的"风雨桥"，抑或是守护寨门的土地神，都有"贯通风水"的作用。

侗族建寨的第二个原则是以鼓楼为中心。笔者调研发现，在黔东南侗族地区有这样一个特征：每个村寨不管大小都建有一座或者几座鼓楼，鼓楼处在侗族村寨的中心位置，是整个村寨建筑的核心。其他的建筑物如民居、戏台、禾仓、寨门等均是围绕着鼓楼层层辐射出来，鼓楼是村寨的政治、文化、活动中心，寨子里一切重要的公共事务都是在这里举行，是一个具备神圣性和威严性的空间场所。

侗族古歌中唱道："未曾立寨先建鼓楼，砌石为坛敬圣母，鼓楼心脏作枢纽，富贵光明有根由"。从侗族古歌中可以了解到"先有鼓楼再有寨子"的说法。因为鼓楼具有"神圣的威力"，在侗族人的眼里它是寨子人气、财力、兴旺的标志，侗族人非常重视鼓楼，在财力允许的前提下，寨子里的村民们会通过众筹，把鼓楼建得雄伟壮阔、富丽堂皇。

侗族建寨的第三个原则是自然生态。侗族是一个爱山爱水的民族。因此，侗族祖先在营建村落时选择依山傍水而居，体现了侗族祖先在早期生存实践中形成的生态经验。这种聚落空间格局结合自然地形，不破坏自然形态，是一种生动和谐的美学形式。侗寨能够建多大，人口与建筑空间应该如何配比，原则就是人口与周围的环境要有一定的和谐关系。侗族祖先早就知道人与自然环境能量平衡的道理，他们常常把自己的村寨比喻成一条巨大的船，把自然环境比喻成承载船的水，如果人口增长超出了船（村寨）承载的能力，那么这条大船随时会有倾覆的危险。因此，侗族人会控制人口数量，计划生育。如占里侗寨几百年来保持人口平衡就是遵循这一原则。

占里村位于高增乡的西北部，北与谷坪乡、黎平县，南与托里，西与邑扒、小黄，东与付中接壤，距乡政府所在地22公里。该侗寨分8个村民小组183户，822人，均为侗族。占里村建寨700多年来，一直保持着计划生育的习惯，占里侗族古歌中说："人会生育繁殖，田地不会增加"（图3-4）。由于区域的生产用地缺乏，寨内祖先就立下寨规，控制人口增长，一对夫妇只允许生养两个孩子。在特殊的环境中，形成了侗寨特有的生育密码。占里侗寨几百年来保持稳定的人口规模，确保有限的土地能供养所有村民，实现了人口数量与环境之间的和谐与平衡（图3-5）。

侗族建寨的第四个原则是血亲纽带。侗族人聚居在一起，村寨是血缘关系紧密的族系社会。在黔东南侗族地区，鼓楼是房族

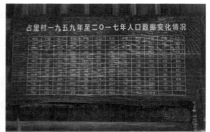

图 3-4　占里古歌
来源：作者摄

图 3-5　占里人口资料
来源：作者摄

的重要标志：如果村寨里有一座鼓楼，则代表是一个房族；如果有多个鼓楼，则代表是多个房族。居住在同一个村寨的人们是源自同一个祖先，具有一定的血缘关系。因此，侗族人只能与其他村寨的人结婚，同一个寨子是不允许通婚的。从侗族的姓氏来看，侗族的乡村社会仍然保留着宗族组织的特征。每个侗族村寨房族都有代表氏族姓氏的头衔、组织和法规。上文已经说过每个姓氏或氏族都有一个或几个寨老。寨老既是侗寨的首领，又是精神领袖。血缘关系原则上保证了村寨中个体生命和家族祖先的归属和认同需要。在古代，血脉相连为村寨的安全和人们的生存互助提供了强有力的支持。

　　侗族村寨建构在这四个原则基础上，实现了对神灵、生命以及万物的全景式架构。在这个充满神秘色彩的画面中，宇宙万物被赋予了神秘的力量。只有身临其境才能够真正感受到这个聚落空间所带来的场域精神，黔东南侗族建筑艺术是对这个场域和空间的完美诠释。

3.2　黔东南侗族建筑构建空间分析

在黔东南侗族地区，干阑式吊脚楼民居层层叠叠，在层叠的民居中一座或者几座鼓楼掩映其中，雄伟壮丽。如盘龙一般的风雨桥横跨在通向村寨的河流上，与凉亭、寨门、禾仓、禾晾、戏台相映生辉，在村寨的四周又有茂密的古木林护佑。这一切共同构筑了黔东南侗族地区完美的村落空间。

3.2.1　仪式性空间

1. 鼓楼

侗寨的聚落是按照宗族分区域聚居的，往往一个寨子就有一座鼓楼。鼓楼一般建立在寨子的核心部位，选在山水相交、阴阳聚合之处，即龙脉上最吉利的地点，是侗寨吉祥、兴旺的象征。

侗族鼓楼是侗族的标志，它的前身侗语叫"堂卡"（dangc kax）或"堂瓦"（dangc wagx），清代《黔记》中的"聚堂"指的就是侗族的"堂卡"，又被称为"卡房"（图3-6、图3-7）。鼓楼是侗族人会合议事的地点。在侗族村寨，关系全村利益的重要事项，必须由全村人商议决定。所以，寨子需要一个集会的地方，卡房就是这样产生的。

卡房是侗族鼓楼的最初形式。受汉文化的影响，由"堂卡"或"堂瓦"改称为"楼"（louc）。卡房是一种简单的干阑建筑，最早的卡房是方形的单层木房，四周有墙板，中间设有一个烤火

图 3-6　地扪卡房
来源：作者摄

图 3-7　岩洞卡房
来源：作者摄

的火塘，火塘四周放有四条长板凳。随着时间的推移、生产水平的提高以及对外交往的扩大，卡房也发生了很大的变化，到了明代，卡房已发展到和现存鼓楼极其相似。明代邝露在游历之后所著的《赤雅》一书中说：罗汉楼"以大木一株埋地，作独脚楼，高百尺，烧五色瓦覆之，望之若锦鳞矣。攀男子歌唱饮啖，夜归，缘宿其上，以此自豪"。这是对侗族鼓楼早期名称、结构、外形和作用的记载。所谓"罗汉楼"，显然是因"男子歌唱饮啖"而得名。明万历三年（1575 年）《尝民册示》中载："侗族或百余家，或七八十家，三五十家，竖一高楼，上立一鼓，有事击鼓为号，群踊跃为要。"明李宗昉的《黔记》中说："诸寨共于高坦处造一楼，高数层，名聚堂。用一木竿，长数丈（尺），空其中，以悬于顶，名长鼓。凡有不平之事，即登楼击之，各寨相闻，俱带长镖利刃，齐至楼下，听寨长判之。"清嘉庆年间的《梦广杂著》中有"每寨必设鼓楼，有事则击鼓聚众"。明确了此时所建之楼为聚堂（侗族村寨聚会场所），聚堂与卡房的作用无异。在从江县往洞镇一带的鼓楼，每当外寨宾客来本寨子"月也"（即集体出访作客），寨内"罗汉"皆集于鼓楼里，款待外来姑娘，并与之对歌作乐，人们称此地为"罗汉楼"。卡房或罗汉楼是鼓楼的雏形。

侗族鼓楼建筑独特，整体全系木质结构，取材杉木，鼓楼的建造不需要一个钉子，全部是榫卯结构，有3层、5层、7层、十几层不等，因为鼓楼顶层皆放有鼓，故被称为鼓楼。由于结构严密坚固，可数百年屹立不倒。

经过大量的田野考察，笔者发现鼓楼内部大柱子以四柱、六柱、八柱居多，四柱鼓楼即为4根主柱和12根衬柱。据侗寨寨老们的说法：4根主柱代表四季，12根衬柱代表12个月。

侗族鼓楼与汉族传统古典建筑有异曲同工之处。在借鉴汉族楼阁建筑的基础上，设计建造出本民族标志性建筑——鼓楼，这是侗族建筑智慧的结晶，是一种创造性的整合。从此，侗族有了精神信仰和文化符号意义上的民族经典建筑。这种建筑的造型，显示出侗族人民的智慧、想象力和创造力。这是一种伟大的走进世界建筑艺术殿堂的民族建筑。

侗族鼓楼建筑分上、中、下三个部分。上部为鼓楼的宝顶部分，宝顶分悬山式、歇山式，有四角、六角、八角攒尖顶几种形式，如从江的增冲鼓楼为八角鼓楼，黎平胜利村的鼓楼为四角鼓楼。宝葫芦式的尖顶直冲向蓝天，宝顶顶盖下为人字形斗栱部分，被侗族掌墨师称为"蜂窝"。中间部分为鼓楼的檐翼部分，鼓楼飞阁重檐，檐层数一般为奇数，3层、5层、7层、9层、11层、13层……最高的鼓楼达到21层。不管鼓楼的层数是多少，均高于民居。总的来看，建成时间越早，层数越少。后建的鼓楼，层数逐渐增多。最下部分是鼓楼的墙板部分，依照鼓楼最底部是否封墙板来划分，有三种形制：一是全封闭式的，有门，可以锁住，如金勾鼓楼（图 3-8）；二是全敞开式的，没有门，如肇兴仁寨鼓楼（图 3-9）；三是半开半封闭式的，如朝利兰洒鼓楼（图 3-10）。

　　鼓楼的装饰带有浓重的民族色彩，翘角上雕塑的禽兽装饰、人物造型等，形神兼备，栩栩如生；层檐上彩绘古今人物、花草虫鱼、龙凤鸟兽等，玲珑雅致，五彩缤纷；鼓楼的大门两侧有书法楹联，为鼓楼增添了丰富的文化内涵。鼓楼内部设有供人们休憩聊天的 4 个宽大而结实的长椅。中间是一个圆形的火塘，由村寨里各家各户轮流砍柴供大家烤火。侗族鼓楼是村民集资募捐、投工献料进行筹建，请侗族民间的掌墨师来建造的，整个鼓楼从设计到完工没有图纸。侗族建筑营造技艺的能工巧匠，遍布黔东南侗族村落，目前最负盛名的鼓楼建造师傅是黎平县水口区肇兴乡纪堂上寨五组的陆文礼老先生和从江县高增乡的杨光锦老先生。

　　侗族的建筑群是以鼓楼为中心逐层展开的一个文化空间，鼓

图 3-8　金勾鼓楼　　　**图 3-9　肇兴仁寨鼓楼**　　　**图 3-10　朝利兰洒鼓楼**
来源：作者摄　　　　　　来源：作者摄　　　　　　　来源：作者摄

楼是一个寨子的中心，是一个侗族聚落空间的文化中心。截至
2023 年，从江县分布鼓楼 121 座，榕江县分布 7 座，黎平县分
布 359 座。根据民间传统地理区域大体可分为九洞、六洞、千七、
二千九、都柳江畔（亦称融河）等五大鼓楼群。这些鼓楼主要为密
檐式宝塔形木结构建筑，也有简单民房形式的穿斗结构"地楼"。

（1）增冲鼓楼

增冲鼓楼是全国重点文物保护单位，位于从江县往洞镇增冲
村，距县城 91 公里，建于清康熙十一年（1672 年）。增冲鼓楼为
全木质宝塔形结构，双层楼冠，通高 20 余米，密檐式十三层重檐
八角攒尖顶侗族古建筑，占地 115 平方米，鼓楼主承柱 4 根，每
根直径 0.8 米，高 12 米，柱距 3.6 米，构成锥形方柱体，成为鼓
楼主要构架。距内柱外围 3 米，竖有 8 根高 3.5 米的檐柱，8 块
穿枋把主承柱与檐柱紧紧相连，呈辐射状，往上逐层内收，以穿
枋和瓜柱支撑，挑出楼檐紧密衔接，如塔层叠，到十一层内四柱
顶端，再覆盖两层八角楼冠（图 3-11、图 3-12）。楼冠为攒尖顶
式，八面斗栱结构，楼檐平面为八边形。楼冠斗栱下装漏窗，翼
角高翘，彩塑鸟兽。楼冠上端竖有 5 个由大而小的陶瓷宝葫芦尖
顶，直插云霄。楼冠及密檐以小青瓦覆盖并用猕猴桃藤捶烂与石
灰拌合用以凝固"脊梁"。各层封檐板彩绘侗族风情画。鼓楼内
有 4 层回廊，从第二层起有木板梯旋回而上，直至鼓阁，阁内置
木鼓一个（图 3-13）。各层内壁有精致的方格和万字格栏杆。正
门上方悬有两方匾额，一为清道光五年（1825 年）三宝寨（今榕
江县车江寨）所赠的"万里和风"，一为 1983 年 9 月三省六县摄
影展会议代表所赠的"侗寨生辉"。地面石板铺墁，中间有火塘

图 3-11　增冲鼓楼（左）
来源：作者摄
图 3-12　增冲鼓楼测绘图
（右）
来源：作者绘

图 3-13　增冲鼓楼木鼓　　　　　　　图 3-14　增冲鼓楼火塘
　　　来源：作者摄　　　　　　　　　　　　来源：作者摄

（图 3-14），直径 1.8 米，四周有简易木凳供人们娱乐休憩，靠东有供案一个。内还悬挂有楹联 4 副、诗作 2 首。1985 年 11 月，被列为贵州省省级文物保护单位；1988 年 1 月，被列为全国重点文物保护单位。

（2）地扪千三鼓楼（模寨鼓楼）

千三鼓楼始建于清朝，当时叫模寨鼓楼，"文化大革命"时期被损毁。1980 年模寨群众集资重建了这座鼓楼，2006 年被一场大火烧毁，2007 年村委会、地扪侗族人文生态博物馆募集资金再次重建。地扪村因早期寨内有 1300 户又被称为"千三"侗寨，且模寨鼓楼是"千三"侗寨的"总根"，所以将这座鼓楼改名为"千三鼓楼"。鼓楼八角十三层，有象征意义（图 3-15）。

（3）寅寨鼓楼

寅寨鼓楼为一座新建鼓楼。为了进一步美化村寨环境，恢复木构古建筑精华，便于寅寨群众议事、休闲、娱乐，村"两委"募集资金，寅寨群众投工投劳，于 2015 年 12 月 24 日竣工。鼓楼 11 层，象征着地扪侗寨有 11 个生产组（图 3-16）。

（4）母寨鼓楼

母寨鼓楼始建于清代，"文化大革命"时期被损毁。1995 年，母寨群众集资重建，建成的鼓楼为六角九层一宝顶，象征九九归一。2012 年被列为黔东南苗族侗族自治州州级文物保护单位（图 3-17）。

图 3-15　地扪千三鼓楼　　　图 3-16　地扪寅寨鼓楼　　图 3-17　地扪母寨鼓楼
　　来源：作者摄　　　　　　　来源：作者摄　　　　　　来源：作者摄

2. 寨门

黔东南侗族地区的村寨普遍设有寨门，作为村寨和外界界线的标志。一般几十户到百来户的寨，其寨门都修建得比较朴素，宽约 1.6 米、高约 3 米；人口多的大寨的寨门修建得相对大一些。门框雕刻有各种花草虫鱼图案，各种人物和风情画，寨门顶部的人字形斗栱，被叫作蜂窝，跟鼓楼宝顶蜂窝形状类似。

一般的侗族村寨，设两三座或四五座寨门，大的村寨甚至有数十座。寨门的修建和维修虽然简单，但整个程序和鼓楼一样，修建寨门属于村寨大工程之一，要遵守修建鼓楼的所有习俗。侗族人认为寨门和寨口的风雨桥可以拦住本村寨财气不外流，寨门除了具有景观的意义之外，还可以调节风水，有通生气的作用。

笔者认为侗族村寨寨门的建筑形式与汉族的牌楼有相似之处，结构也类似，一般分为三个部分。中间为主通道，在建筑比例上中间高两侧低，中间宽两侧窄。寨门的顶端有蜂窝式的斗栱来增加寨门的庄重和气势。

寨门有凉亭式、牌楼式、亭廊式等。侗族是一个喜欢交往，并且十分重视礼尚往来的民族。在村寨的正面和通往主干道的门修建得非常华丽（图 3-18、图 3-19），作为村寨的主要"脸面"，也体现对来访客人的尊敬。寨门优美的建筑形式，使人一到寨门就会被吸引，不由自主地会驻足观赏。寨中迎送重要的宾客，寨门是重要的驻足点。迎宾时，寨民们备好美酒在寨门停留，客人需与主人经过对歌和喝酒的环节后才可以进入寨子，这是对宾客非常隆重的欢迎仪式。因此，寨门对于黔东南侗族地区侗族人而

图 3-18　述洞寨门
来源：作者摄

图 3-19　邑扒寨门
来源：作者摄

言，不只是一个界标，更是一个具有特别意义的文化空间。

在古代因为军事的需要，普遍设置有寨门，现在的侗寨大部分已经没有寨门了。目前，黔东南侗族地区侗寨的寨门没有任何防御功能。

3. 萨坛

在黔东南侗族地区，萨坛一般设立在村寨鼓楼的附近，是侗寨举行祭祀仪式的建筑空间，对于村民来讲是最神圣的精神场所，因为"萨岁"崇拜在侗族多神崇拜的信仰系统中处于核心位置。

萨坛是侗族最神圣的空间，在黔东南侗族地区一般每年正月是祭祀萨岁的活动时间。活动由寨子里年纪最长、辈分最高的老人主持，按照严格的礼仪进行。在传说中婢奔的家乡就是她就义的地方黎平县龙额区六甲寨一带，祭祀萨岁的活动尤为隆重。每当祭祀萨岁时，寨上年纪最大、辈分最高的老人，身着传统礼服，按照严格的礼仪进入萨坛进行祭祀活动，其他人在萨坛外肃立，待寨老赐予祖母茶后来到鼓楼坪上，男的手搭肩，女的手牵手，各自围成圆圈，载歌载舞地踩歌堂，赞颂萨岁的功绩。青壮年男子都扮成当年婢奔的款兵，身佩弓弩利剑，腰束青色布带，脚穿草鞋，手持刀枪或长矛。信炮一响，款兵立即由鼓楼齐集到萨坛边，每人向萨岁敬茶一杯，随后便是寨老念祭萨岁词。念罢，领唱一首怀念萨岁的歌，然后发出号令，铁炮三声，款兵们向寨外冲去，朝天放一阵排枪鞭炮，回来时每人用枪杆或梭镖杆子戳上一个稻草扎成的人头，表示割取了敌兵首级，得胜归来。回到"堂坛"，将"敌人首级"悬挂萨堂前示众。这时，芦笙吹响，鞭炮齐鸣，锣鼓喧天，全村的男女老少都来迎接胜利归来的亲人，之后男女青年们又手把手跳起多耶舞，唱起赞颂萨岁的踩歌堂。因为萨岁被认为是侗族的圣母，侗族人认为她能驱魔除邪庇佑村寨平安。因此，侗族在举行重大活动，如斗牛比赛、大歌比赛、摔跤比赛前都要先祭拜萨岁，祈求萨岁保佑取得好的成绩。每当农历正月新年，全村老少要一起先给萨岁上香、敬茶、化纸，然后才能开始后面的斗牛、踩歌堂赛歌、吹芦笙等活动。

每建立新的村寨，都要首先建立祭萨的场所，侗族的萨坛建筑造型各异，有坟墓式、房屋式、庙宇式等。

（1）坟墓式。在寨中用鹅卵石或片石砌成一圆形土堆，上栽黄杨树一株，或蓄茅草一蓬，或插上一把半开的纸伞，作为供奉萨岁的神坛。宰闷、小黄、铜关等地的萨坛为坟墓式（图 3–20）。

（2）萨屋。萨屋约 1 丈高，占地约 10 平方米，屋顶周围盖瓦，中间露天。屋的中心处，露天式的周围用鹅卵石（有少数地方用片石）砌成下大上小圆形台状，高矮大小不一，一般高 100 厘米，直径 120 ~ 200 厘米。台上插有一把半开的纸伞，伞上披着网状剪纸，如锦伞一般。白石堆周围又垒有 12 个或 24 个小白石堆，

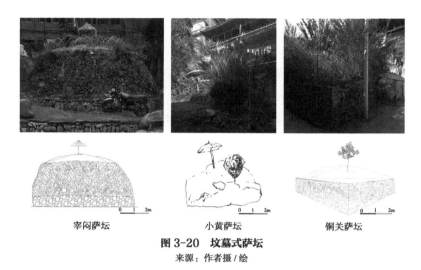

宰闷萨坛   小黄萨坛   铜关萨坛

图 3-20 坟墓式萨坛
来源：作者摄 / 绘

或钉 12 个或 24 个高约尺许的小木桩，桩上披着倒漏斗形的网状剪纸，并按子、丑、寅、卯……依次作序，如增盈、宰闷、铜关的萨屋（图 3-21）。

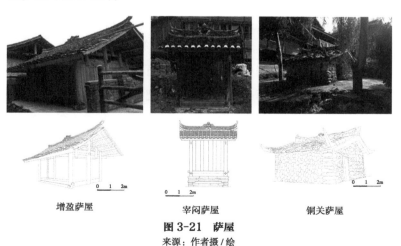

增盈萨屋   宰闷萨屋   铜关萨屋

图 3-21 萨屋
来源：作者摄 / 绘

（3）庙宇式。有的侗寨直接建立一个像祠堂一样的建筑，里面供奉着女英雄萨岁，被称作"圣母坛"。萨坛是个神圣的场所，严禁孕妇及其家人进去，因此，供出入的门平时都锁着，如肇兴、增冲的圣母坛（图 3-22）。

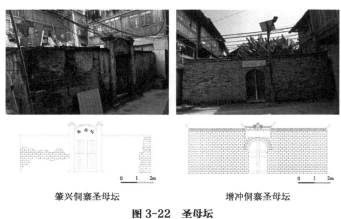

肇兴侗寨圣母坛　　　　　　　　　　增冲侗寨圣母坛

图 3-22　圣母坛
来源：作者摄 / 绘

萨坛常年由专人负责管理。每月农历初一、十五管理人都要到萨坛献茶敬香。中秋、春节等重大节日和平时村寨间有斗牛、吃相思[①]等重大活动前均要集体到此祭祀萨岁，邀请萨岁一同娱乐，并求得她的保护。萨坛及祭萨活动是侗族萨文化的一个载体。它对研究侗族古代的社会学、人类学及侗族的政治、军事、经济、文化都有极重要意义。掌管祭坛、祭祠的是世袭的祭祀主，称为"登萨"。平时萨坛是不允许随便入内的。在黔东南侗族地区，村寨每年或几年举行一次大型的祭萨活动。祭萨是侗寨最庄严的宗

---

① 吃相思是侗族村寨之间为拓宽社交、加深友谊而举行的规模较大的民间交往活动。

图 3-23　高增萨坛
来源：作者摄

教活动。祭萨的当天，全寨子的人们穿着盛装聚集在萨坛前参加仪式，仪式结束后，人们才进行娱乐活动。黔东南侗族各地有不同的民俗节日，每当集体一起离寨到外地参加比赛活动，如芦笙节、斗牛节、花炮节、摔跤节等，在出发前，人们必先到萨坛前焚香祭拜，祈求萨岁保佑平安、获胜归来。高增萨坛位于高增乡坝寨内，修筑时间不详。高增萨坛用石头围砌，坛高 0.3 米，直径 2.6 米，中心植一株黄杨树（俗称千年矮），高 1 米（图 3-23）。

3.2.2　功能性空间

1. 侗族民居

侗族民居是以鼓楼为中心，一层一层扩展形成聚落空间。民居是一个生活化的空间，相比鼓楼和萨坛这些神圣性空间，侗族民居则是充满袅袅炊烟的世俗化场所。侗族的民居属于典型的干阑式木楼，在黔东南侗族地区侗族民居的建造材料是杉木（图 3-24、图 3-25）。侗族干阑式民居基本上是 3 层（图 3-26）：一层基本上不住人，因为黔东南地区气候多雨、潮湿，而且虫、蛇也较多，一般用来养家禽、做饭、堆放柴草和农具等；二层是主人一家日常起居、娱乐会客的生活空间，有卧室、楼梯间、客厅、宽廊等；三层是储藏空间，主要功能是存放粮食和不常使用

图 3-24　朝利侗寨民居
来源：作者摄

图 3-25　占里侗寨民居
来源：作者摄

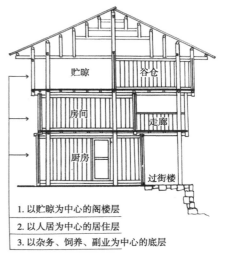

图 3-26　侗族民居结构图
来源：罗德启 . 贵州民居 [M]. 北京：中国建筑
工业出版社，2008：108.

的生活用具。

　　侗族干阑式民居大多是穿斗式结构，以三开间为主，根据房屋的大小也有五开间、七开间，甚至更大的。房子的占地面积基本上是以立多少排柱子来论宽窄的，一般常见的是五柱七挂即 5 根主柱 7 根挂落，又被掌墨师叫作"五柱七瓜"的屋架结构（图 3-27）。屋顶为悬山式，如大鹏展翅一般，屋顶上面再铺青瓦。有的屋顶材质是树皮，房顶设披檐。如果想扩大房屋的建筑空间，要增加"柱"和"瓜"的数量。

　　黔东南侗族地区最常见的民居类型是上下结合的整体木框架结构，侗族人称为"立排扇"（图 3-28）。立排扇结构是用横梁连接侧柱和中柱，在每个长柱上，在孔的下部分别穿榫，用枋穿连，

图 3-27　民居屋架结构　　　　　　图 3-28　民居排扇
来源：作者摄　　　　　　　　　来源：作者摄

水平每排三、五、七列串联，中间一排柱子最高，前后两排柱子
最低，在最高一排和最低一排的主柱旁边再加瓜柱，穿上连接梁
架，形成架子。搁板的背面可以在水平方向上与十字正方形相连，
并且通过连接二、三、四排柱子可以形成一开间、两开间或多个
开间的整体框架。为了使框架的下部稳定，在柱脚之间设置水平
连接，从而形成坚固的干阑式建筑物的框架。民居建筑物整体结
构牢固，不易倒塌，具有美观、抗震性强的特点。房屋空间布置
灵活，内置房间的开间大小可以随意安排。如果需要搬迁，可以
将其整体拆装，非常方便。

2. 风雨桥

风雨桥是集桥、廊、亭为一体的桥梁建筑，是侗族桥梁建筑
艺术的结晶。风雨桥因为装饰精美，内檐板上有彩绘，又被称为
花桥，是"侗族的艺术长廊"。风雨桥是非常有美学价值和实用价
值的建筑。侗族人劳动之余喜欢在风雨桥两侧的椅子上休息闲坐，
是人们休憩、唠家常、驻足观赏的场所。风雨桥不仅仅是水上交
通桥梁，还是人们休闲、迎送宾客的场所，有保寨的功能。侗族

工匠们建设的风雨桥各式各样：有的在只有几米宽的水流上，架起 30 多米长的风雨桥；有的在小溪上架设木桥后，又在桥头两边用石头砌墙，中间用泥土充填，再在上面栽植树木；有的不用石头砌墙，直接用泥土填高后再在上面栽植树木，以保村落财富不外流。

正是因为侗族人世世代代生活在水边，风雨桥对侗族人乃至整个侗族社会非常重要。黔东南任何一个侗寨，无论在寨子里还是寨子外，都可以看到造型优美、独特的风雨桥。

在侗族人的观念里，风雨桥又叫作"风水桥"。依据侗族人的风水观念来看，河水从村寨缓缓流过，流水会把寨子的财运带走。侗族人认为风雨桥可以拦住寨子的财源不外流，为村寨保存财富、保护龙脉。因此，对于侗族人而言，风雨桥具有"堵风水"和"便交通"两种功能。风雨桥并非一般意义上的桥梁，它蕴含了侗族人民一种原始的风水观念，可以调节风水，庇佑村寨，使村寨消灾免难，人丁兴旺。

（1）地坪风雨桥

地坪风雨桥坐落于黎平县境南部地坪侗寨，距县城 109 公里，地坪分为上寨、下寨和甘龙三个自然寨，南江河蜿蜒穿过其间，注入都柳江。风雨桥立于三寨之间，横跨南江河。清光绪九年（1883 年）始建，1959 年修葺恢复原样，1982 年被列为省级文物保护单位。1986 年贵州省政府拨款再次维修，2004 年 7 月被洪水冲坏。为恢复地坪风雨桥原来的面貌，国家文物局出资聘请侗族民间掌墨师对地坪风雨桥进行重建和修复，2007 年 4 月建成（图 3-29）。桥廊宽 3.85 米，桥身全长 56 米，距水面 10.7 米。桥

图 3-29　地坪风雨桥
来源：作者摄

间置一石墩将桥分为 2 孔，两孔净跨分别为 21.42 米和 13.77 米，桥梁由 2 层各 4 棵杉木穿榫连成一体铺架，桥廊建于其上，两侧装直棂栏杆，高 1.1 米（图 3-30）。栏杆外侧设 1.4 米的披檐，以保护檐下木质构件，并美化桥身。栏杆内侧设连通长案，廊壁彩绘侗族风俗及山水花鸟，桥廊正脊上塑有双凤和双龙抢宝。桥正中央及两端分别建有阁楼一座，中间楼阁高 5 米，为五重檐四角攒尖顶，顶上安有宝瓶，4 根金柱上绘有青龙，顶棚上绘有龙、凤、鹤、牛等图案。桥南端壁上有楹联 2 副，分别为："国泰民安，白虎山头多彩艳；风调雨顺，青龙江岸换新颜""旭日东升，四面荣华新美景；红霞西照，五色彩云显豪光"。北端有楹联 1 副："沧海桑田，仕庶黎民景星见；龙蟠凤逸，社稷升平庆云生"。

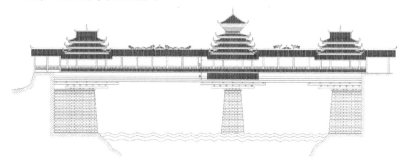

图 3-30　地坪风雨桥立面测绘图
来源：作者绘

（2）流架风雨桥

位于从江县谷坪乡的流架风雨桥是亭阁式风雨桥的代表。该桥始建年代不详，清道光六年（1826 年）动工重建，至清道光二十一年（1841 年）竣工，历时 16 载。流架风雨桥下部为单拱结构石拱桥，上部为传统风雨桥结构，集寨门、石拱桥和花桥为一体，设计独特，构思巧妙。2006 年 6 月，被列为贵州省省级文物保护单位。

（3）金勾风雨桥

金勾风雨桥是全国重点文物保护单位。往洞镇增盈村的金勾风雨桥是鼓楼式风雨桥的代表。桥长 33.6 米，宽 6.34 米，桥屋上建有 3 座桥楼。中部为五层密檐四角攒尖顶的鼓楼造型，单楼冠斗栱结构；桥两端亦抬升为四角五层密檐歇山顶，其翼角起翘，泥塑鸟兽。桥屋外侧装栏板，内侧置坐凳。风雨桥横跨小河之上，在落日余晖下，三三两两劳作归来的侗民及村寨中的袅袅炊烟，仿佛一幅优美的田园风光画卷（图 3-31）。

（4）地扪双龙风雨桥

双龙风雨桥坐落在芒寨和母寨寨脚，连接两寨后龙山的山脚龙脉，俗称关山口。把整个村寨的好风水都关闭在村寨里面，不让其外泄，护佑村寨六畜兴旺、人丁发达，是两岸居住的村民、行人往返之必经之道。因此，该桥又名"双龙桥"（图 3-32）。

（5）地扪双凤风雨桥

地扪双凤风雨桥建在芒寨和母寨村民往返的必经路口，便于村民茶余饭后休闲聊天，也是上山劳作的通道。芒寨和母寨本来是兄弟村寨，因为寨脚有了一座双龙桥，这座桥便命名为"双凤

图 3-31　金勾风雨桥
来源：作者摄

图 3-32　地扪双龙风雨桥
来源：作者摄

桥"（图 3-33）。双龙、双凤意为两兄弟村寨紧密地团结在一起。

（6）地扪向阳风雨桥

向阳风雨桥延续寅寨的关山口山脉而建，给居住在河道两岸的村民提供交通便利，为青年男女行歌坐月、谈情说爱提供场地和空间。寅寨的这座风雨桥背西面东，在这里可以最早看见太阳升起。因此，将这座桥起名"向阳桥"（图 3-34）。

（7）地扪友谊风雨桥

友谊风雨桥建在通往登岑、罗大、樟洞、腊洞的一座石拱桥梁上面，是一座木构古建筑花桥。风雨桥是通往这几个村寨的

图 3-33　地扪双凤风雨桥
来源：作者摄

图 3-34　地扪向阳风雨桥
来源：作者摄

必经之道，是连接和沟通这几个村寨名副其实的桥梁，因此取名"友谊桥"（图 3-35）。

（8）地扪维寨风雨桥

维寨风雨桥也称"维寨花桥"，建在维寨，是村民从事农业生产、两岸居民过往的必经之道（图 3-36）。维寨村民搬过来的时间较晚，没地方可住，便环在地扪村周围定居下来，所以这里称为维寨，也写作围寨。

3. 凉亭

在黔东南侗族地区，随处可见一些造型别致的公共建筑，这就是凉亭。凉亭又称风雨亭，主要建在山、路、水井、溪水边。侗族人民热爱公益、爱做好事，每隔三五公里就建有一座亭子，

图 3-35 地扪友谊风雨桥
来源：作者摄

图 3-36　地扪维寨风雨桥
来源：作者摄

可以为过往的行人提供休憩、遮阳、避雨的地方。在凉亭附近通常会有水井。凉亭是干阑式结构，取材杉木。一般为 4 根立柱，也有 6 根柱子的，四角高翘，亭子顶上用青色的瓦加以装饰，亭子两边都有长椅（图 3-37、图 3-38）。这些亭子主要由侗族人自筹资金，以及自愿捐款建造。有的还用彩绘装饰，绘有花、鸟、兽等图案，还有"风雨国泰"等吉祥语。亭边的绿树显得典雅清新，给人一种放松的感觉。路过此地的人们会到亭子里休息聊天。

图 3-37　地坪凉亭（左）
来源：作者摄
图 3-38　占里凉亭（右）
来源：作者摄

4. 禾仓

禾仓是侗族稻作文化的产物，侗族的禾仓是一座小型的干阑式建筑，对于侗族人来说这是非常实用的储存空间。有的地区禾仓和禾晾是一体的，禾晾用来晾晒捆成扎的稻穗，禾仓用来储存稻谷（图 3-39、图 3-40）。

侗族禾仓大多是一户一幢，由于木结构民居容易发生火灾，为了避免发生火灾时粮食受损，要在别的地方另建粮仓。禾仓分为水上禾仓和旱地禾仓两种。旱地禾仓是直接建在旱地上，有数根立柱支撑，中间悬空（图 3-41、图 3-42）。另外一种禾仓是建

图 3-39　邑扒禾仓禾晾一体
来源：作者摄

图 3-40　大利禾仓禾晾一体
来源：作者摄

图 3-41　银潭旱地禾仓
来源：作者摄

图 3-42　占里旱地禾仓群
来源：作者摄

图 3-43　银潭禾仓群
来源：作者摄

图 3-44　述洞水上禾仓
来源：作者摄

在水塘上，也有立柱支撑，粮仓悬空。侗族村寨的禾仓多数是建在水塘上的，这样不仅能防虫、防鼠，还有利于防火灾，保护禾仓安全（图 3-43、图 3-44）。

　　一些村寨禾仓选择建在寨子旁的鱼塘上，距村寨数十米甚至数百米。禾仓取材杉木，悬山顶上覆盖着青瓦，4 根柱子接在地上，用柱子支撑屋顶横梁，两排一间，一共 2 层。底层一般悬空，且高度差不多 6 尺。禾仓柱子之间的宽度是 12 尺，寓意一年四季 12 个月有粮食吃。

　　建在鱼塘上的禾仓，要先在立柱子的位置堆砌石墩保证柱子架于水面之上，以免浸泡在水中导致柱子腐烂。建禾仓与民居类似，要先把架子穿好，设置好堆栈搁板后，在第一层穿枋上加楼枕[①]，然后铺地板。禾仓四壁全部用杉木板封上，只有一扇门，没有窗户，取粮时要沿着独木梯爬上去。

　　禾仓的底部具备以下功能：一是悬空离地，通风防潮；二是禾仓密封好，鼠类不易进去，可以使谷物远离鼠害；三是离民居

---

① 楼枕，指禾仓中用于承托地板的小梁，为次一级的结构构件。

有一定的距离，可以避免由于居民用火不慎引起火灾导致粮食被烧毁；四是恒温，容易保存稻谷。从这些功能可以看出禾仓是很实用的发明创造。

5. 禾晾

禾晾是黔东南侗族地区村民用来晒晾禾把的木结构建筑。侗族自古以来就以大米为主食。等到丰收的季节，村民们把收割回来的谷子捆成禾把进行晾晒。为了既能晾晒禾把又能防止粮食被鼠类、家禽糟蹋，侗族先民便创造出晾晒禾把的建筑——禾晾。禾晾一般建在朝阳、通风好的地方，距离民居有一定的距离。禾晾有几种构造形式：

（1）一字形禾晾。将较大的杉木锯成两半，从距离根部 2.1 米处开始，每 50 厘米钻一个直径约 10 厘米的圆孔。圆孔数根据木材的长度来确定，一般为 7～10 个，圆孔钻好后，两边相距 2～3 米，在地下埋牢。将直径约 10 厘米的杉木条穿过两边的圆孔，形成一个垂直的梯子状的禾晾。一字形禾晾如果是用小圆杉树做柱子，则不凿圆孔，只用青藤交叉把杉木条绑紧，使它成为梯子状，竖立牢固即成。

（2）井字形禾晾。4 排一字形交叉组成井字形，多个井字形禾晾连接在一起，又构成回廊式禾晾。井字形禾晾较一字形禾晾耐用。

（3）禾晾与禾仓一体。在建造禾仓时，禾仓四周挑出 1 米多的回廊，在四周的吊脚柱凿孔，插上杉木条即成。

除禾晾与禾仓连成一体的禾晾盖瓦外，其他禾晾有的盖顶，有的不盖顶。禾晾顶是用杉树皮做的，一般都做成一面坡倒水，也有少数做两面坡倒水。

　　禾晾是侗族财富的象征，也是展示财富的绝妙平台。侗族建的禾晾一个挨着一个，沿着小溪环抱着村庄，形成了一幅优美的田园风光画卷。秋天收获的时候，禾晾上覆盖着沉重的、金黄色的禾把，看起来就像一条金色的龙围绕着村庄。从远方眺望整个侗寨，一排排黄澄澄的稻谷挂满禾晾，就像一张张开的帆，为侗寨增添了一道美丽的风景（图3-45、图3-46）。

图3-45　银潭禾晾
来源：作者摄

图3-46　占里禾晾
来源：作者摄

6. 戏台

　　戏台在侗寨的建筑聚落空间中是一个具有实用功能的娱乐性空间。戏台又名戏楼，一般来说一个侗寨有一个戏台。戏台是侗族演唱侗戏的场所，是黔东南侗族地区必不可少的公共建筑。

　　侗戏的产生、发展、繁荣对于戏台的出现具有一定的影响。黔东南侗族地区，侗戏已经成为人们生活中的精神必需品，深受侗族人民的喜爱，经久不衰。随着侗戏在民间不断发展，为侗戏提供演出场所的建筑——戏台应运而生，并随着侗戏的发展而遍及侗寨。笔者调研发现，每个侗族村寨都至少有一个戏台，戏台一般位于鼓楼对面或侧边。修建戏台和修建房子习俗相同，但作为公共建筑和全村寨人文化活动的场所，主要由全村寨各户集资筹建。例如，黎平县茅贡镇地扪村，分为 5 个自然村寨，一共有 5 个戏台。戏台一般和鼓楼、歌坪建在一起，成为一个寨子最核心的部分，是寨子的娱乐性场所。

侗寨的戏台与民居一样也是干阑式建筑。台侧有楼梯，戏台两侧多写有对联。戏台是一个简易的吊脚楼，一般三柱排扇单间二层，二层高约 4 米，铺装楼板为台面，面阔约 6.5 米、深 4 ~ 5 米。前后两进，后台深约 2 米。前后台间用壁板隔开，左右设偏厦，各留一门，台顶盖瓦。面对鼓楼坪一面开，作为舞台，后厢房是后台，两侧偏厦是存放乐器和道具的房间。修一个简易的楼梯从正面一侧上楼，平时把楼梯收到戏台上，演出时才临时架起。

（1）平王戏台

平王戏台，又名"洛香戏楼"，位于洛香镇，距从江县城 45 公里。洛香戏楼为砖木结构建筑，两侧及后墙均用砖砌至二层檐口。底层正中开大门，门两侧是木栅式窗子，内有梯子上二楼。二楼分前后间，前为表演舞台，后为更衣室和保管室，有左右两道门通往舞台。舞台中央墙壁上有一巨幅侗乡风光彩绘，戏楼顶部为三层重檐翘角歇山式屋顶，覆盖小青瓦。各层正面檐板分别绘有人物、花卉和民族风情画。二层正面两端翘角彩塑有互相对视的走兽一对。二、三层檐口间墙面两端各彩塑一持枪、着战袍的古代武士，中间彩塑彩绘有龙、龟、鱼和飞天仕女等图案。整座戏楼装饰华丽古朴，在黔东南地区现存戏楼中雄盖群芳（图 3-47）。

图 3-47　平王戏台　　　　　　　图 3-48　高近戏台
来源：作者摄　　　　　　　　　　来源：作者摄

（2）高近戏台

高近戏台位于"侗戏之乡"的黎平县茅贡乡高近村，始
建于清康熙四十四年（1705 年），是现存年代最久远的古戏台
（图 3-48）。2006 年 6 月，被列为贵州省第四批省级文物保护单位。
戏台的柱子及木枋仍然完好无损，体现了侗族建筑艺术的风格。
戏台为四边形，类似于南方的四合院，戏楼共 2 层，高为 12 米，
全木质结构，至今保存完整。古戏楼包括三部分，主戏台、厢房
和看戏地坪。主戏台是演员们演唱侗戏的场所，左右两侧为厢房，
在古代这属于嘉宾席，是侗族达官贵人观看侗戏的位置。主戏台
正下方为看戏地坪，由匠人们用鹅卵石拼成各种吉祥图案，侗族
风情浓郁。高近戏台建造精美，造型独特。

3.2.3　侗族民居营造过程

侗族建新房子会让风水师先看地形并选取地基。侗族非常注

重风水，侗族人认为风水的好坏关系到整个家庭的旦夕祸福。根据笔者大量的田野调查，侗族建房之前要先请风水师卜测地形，风水师选好建房用地后，要举行祭神仪式。然后，建房者邀请掌墨师对建房子所需要的材料进行估算，接着上山去砍伐建房所需的木材，砍下来之后要在原地放置数月待其干燥。建房前主人家还要提前准备好猪肉、五彩的花公鸡、上百斤水稻、酒、粑粑、糖果等，然后才可以建新房子。侗族建新房要经过选基、材料估算、备料、下料、发墨、发锤、立排扇、抬宝梁、上梁、开门等一系列程序，每个步骤都有仪式，体现了侗族人对天、地、神以及宇宙万物的敬畏之心。

经过笔者的田野考察，侗族建一幢房子的过程中有如下祭祀仪式：

第一步，选基仪式。焚香化纸，祭拜地神、山神、始祖等他们的信仰（图 3-49）。等拜祭完之后，才可以给房屋落基。

第二步，进山砍树仪式。在物色好木材后，带着五彩的公鸡、酒、纸钱等贡品来祭山神。

第三步，发锤仪式。整个房子的枋、柱、瓜等构件全部完成后，建房开始前，掌墨师在提前备好猪头、米、酒、香烛、五彩公鸡等祭品的桌案前，开始祭拜天、地、山等神灵。然后，拜请鲁班先师诸神，用木锤在组装好的大柱上敲一下，祭祀仪式完成，掌墨师才组织众人着手立排扇。

第四步，立排扇仪式。立排扇是整个建房过程中最辛苦的工作。众人共同将穿枋好的排扇竖立起来，构成房屋的墙体（图 3-50）。掌墨师在立排扇之前要进行祭祀仪式，并有专门祭祀

图 3-49　建房前的祭祀仪式
来源：作者摄

图 3-50　立排扇
来源：作者摄

念词。祭词内容如下：

"此鸡此鸡，乃是非凡鸡，王母娘娘报晓鸡，头戴凤凰冠，身穿五色毛衣，凡人拿（提）来无用处，鲁班弟子拿来念煞的（滴）。弟子念道，如有天煞、地煞、年煞、月煞、日煞、时煞，一百二十四位凶神，七十二位恶煞，天煞归天，地煞归地，弟子本在各宠之内，游魂本命，本命游魂，各归本位原神。六丁六甲，牛马怀胎，弟子扫寨万里之长，鸡和鹅鸭，弟子扫寨康之富人。如有不起，弟子请五百蛮雷来压起，如有不退，弟子请五百蛮雷来打退。天无忌，地无忌，年无忌，月无忌，日无忌，时无忌，姜太公在此，百无禁忌，大吉大利。"

掌墨师做完祭祀仪式后，帮工竖房子的亲友们，在掌墨师傅的带领下，一起把组装好的排扇一排排地拉起来。排扇立起来后，赶紧用枋串联起来使房屋的结构牢固（图 3-51）。

第五步，抬宝梁。宝梁是指放在房顶正上方的那根大梁，取材椿木，侗族一直以来有"椿木为王，紫木为将"之说，椿芽树

图 3-51　穿枋
来源：作者摄

图 3-52　上宝梁前的祭祀仪式
来源：作者摄

生命力旺盛，有生生不息的象征。房主对这根宝梁的选择还是比较讲究的，必须是由娘家舅舅赠送的，这根椿木要选择吉日去山上砍伐，而且从山上抬到建房处的过程，中间宝梁不能落地（图 3-52）。

　　第六步，上梁仪式。上梁的时间特别有讲究，事先要卜算好吉时，侗族人认为这个日子直接关系到房屋主人家未来的福祸，因此要根据主人的生辰八字与当年的天干、地支进行卜算。掌墨师把提前备好的笔、墨、筷子、万年历、草药，用三块不同颜色的布包上（图 3-53）。其中，最里面一层是蓝布，第二层是侗布，包裹在最外面的一层是红布，然后用三块大洋把这些东西镶嵌在宝梁上。这些吉祥之物喻示屋主日后大富大贵，后代知书达理。准备好后，掌墨师傅开始念祭词，一边念祭词一边把五彩公鸡的鲜血滴在宝梁上（图 3-54）。祭词如下：

　　"此鸡此鸡，乃是非凡鸡，头戴凤凰冠，身穿五色毛衣，凡人拿（提）来无用处，鲁班弟子拿来念梁的。墨滴念梁头，儿孙代代出英雄。墨滴念梁中，儿孙代代坐朝中。墨滴念梁尖（尾），儿

图 3-53　宝梁里的笔、墨、筷子、万年历
来源：作者摄

图 3-54　掌墨师准备上宝梁
来源：作者摄

孙代代中状元。新造华堂财百兴，白鹤鲁班下凡尘。新起新造黄道日，上梁正遇紫微星。日出东岸，湖海水深浪岩石，鲁班乃是云中仙，正是上梁时。保男孩保美女，保你美女家中绣花样，众位弟兄齐上力，稳坐华堂万万年。"

　　宝梁上挂一块大红布，红布上面写着"紫微高照"四个大字，帮忙的亲戚站在排扇最上面拉着宝梁徐徐上升，然后把宝梁安放在房梁顶端。掌墨师穿上主家事先给他准备好的新鞋，身上挂上大红布，一边吟唱《上梁词》一边爬上屋顶。上梁祭词如下：

　　"我问主人，此鞋是从何处来，主人应我，鞋匠坐在扬州府，坐地乃是青龙街。我问主人，鞋匠乃是何姓名，主人应我，鞋匠乃是向成金，鞋匠打鞋别人不敢穿，拿来我鲁班弟子踩金梁。我左脚穿鞋生贵子，我右脚穿鞋走金街。我脚踏一步，上天门，万众千眼左右分，保佑儿孙大发富，发富发贵发人丁。脚踏二步莲花现，一对狮子配麒麟，狮子滚球来进宝，保佑儿孙大发富。脚踏三步上得高，太白金星来庇包。脚踏四步四季财，观音老母坐莲台，金银财宝进门来。脚踏五步登科早，四海龙王来进宝。脚踏六步绿茵茵，化作西园可是真，八仙路过蟠桃会，祥云紫气绕

门庭。脚踏七步到中层，楼梯架上上中层。脚踏八步好逍遥，八
侗神仙在洗澡。脚踏九步九条银，四方八路来金银，养得牛马多
得利，养得儿女势得高。脚踏十步上得长，我鲁班弟子上登梁。
我脚踩梁头，生出个状元子，我脚踩梁中，生出个状元郎，我脚
踩梁尖，生得五男二女本高强。富也有贵也有，荣华富贵万年
长。此梁此梁，生在何处住在何方，生在昆仑山上，坐在八宝神
山，三十六人砍了六个月，四十八人抬了半年长。鲁班神仙半路
接，风吹木梁到马坪。何人与我生露水，忙忙与我生。张郎过不
敢砍，李郎过不敢量，今日主人得见拿来做金梁。上有青皮柳叶，
下有龙凤盘根。大匠人大锯钉（砍、锯）头，小匠人小锯钉（砍、
锯）尾。大匠人圆子掉墨，小匠人乱斧分。斧子路划了层，木斧
一露，路路神灵，刨子一露，三凤熬光，做对三凤朝阳。一对麒
麟梁上站，做对狮子站两方，狮子滚球来进宝，保佑儿孙大发富，
千年发达万年长。主人制一把壶，千两黄金打得成，左手东方请
漆匠，右手西方请匠人。两个匠人都来到，这把壶就打得成，上
打狮子宝盖，下打莲花盖酒瓶。要问酒瓶几活路，姐问酒瓶弟跟
音，何人造酒，杜康造酒。何人下药，仙人下药。头一缸，花灯
酒，二一缸，莲花现，三一缸，竹叶青，造是送来敬神人。一点
点上天，敬你玉帝大神仙，一点点下地，敬你地脉龙神。左一滴，
右一滴，东西南北都得吃。主人得吃长缸酒，荣华富贵代代有，
剩下这点无用处，我鲁班弟子打湿口。主人听我言，你愿富是你
愿贵，主人应，我富也要贵也要，你我富贵双全，你愿富，明年
你粮食满仓库，你愿贵，金银满箱柜。我左手是对金，右手是对
银，主人买田买地日收成，上头买到云南转，下头买到北京城。

买得长田跑得马，买得圆田养得龙。生个翰林读学士，生个榜眼探花郎，还有第五年纪小，留他在家管钱账。你主人得一对，我匠人也得一双。我匠人打马转回乡，主人制一把盘，不知盘内有何方，盘里肉儿圆又圆，今年主人赚得百万元。正二月，犁田谷。三四月下田栽秧。五六月青皮柳叶。七八月禾谷黄，今年主人收了几多进高仓，大斗量来用碓春，小斗量来白茫茫。一对白米白如雪，一对白米白如霜。昨日主人从街上过，请得厨子打梁粑，办得四十八万，个个不敢吃，主人也不敢尝。我一只手拿来白如霜，众位弟兄你莫忙，你主人得一对，匠人又得一双。哪个捡得头一个，老者有寿少者康。哪个老大娘捡得头一个，喂猪不用糠。哪个姑娘捡得头一个，手艺本高强。哪个务农捡得头一个，一本万利步步长。哪个少年捡得头一个，七岁才人状元郎。撒过东方甲乙木，万金千两进新屋；撒过西方西又西，荣华富贵万般齐。"

　　唱毕，掌墨师便高声喊"人财两发""家和物兴"之类的吉祥祝福语。此时房屋主人已经跪在宝梁下，接着由掌墨师向主人撒宝梁粑。掌墨师在开始撒宝梁粑之前，还要准备三碗酒，将富贵粑粑放在房梁上，开始给主人家念吉利祝福词。此时，掌墨师站在屋顶最高处高声问主人："要富还是要贵？"主人答："富贵都要。"紧接着，主人赶紧扯开被面，用被面接住宝梁粑，因为宝梁粑不能掉在地上。掌墨师开始念祝词"要富赐你福满门……武的走马定乾坤"。念完之后，掌墨师要站在屋顶上，从宝梁洒下三碗酒给主人家喝，房屋主人要跪着把酒喝到嘴里，有天降甘霖的寓意。屋主人三碗酒喝完之后，掌墨师就将富贵粑粑丢下，房屋主人要在下面用被面接好，防止掉落（图3-55）。最后宝梁粑由主人家保管起来，宝梁粑有富贵的象征，所以又叫作富贵粑粑。紧接着，掌墨师开始给众人们抛撒喜糖、富贵粑粑之类吃的东西，大家一哄而上，在欢呼声中一起分享着房主的喜悦，此时的人们都希望讨一个好彩头，沾沾主人家的福气（图 3-56）。掌墨师站在房梁上边丢富贵粑粑、糖果、零食，边唱：

粑粑撒撒向东，代代儿孙坐朝中；

……

粑粑撒撒向中，文武双全乾坤同。

在上梁仪式结束后，掌墨师要在宝梁上放两担新收的稻谷给鸟吃（图 3-57）。

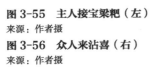

图 3-55　主人接宝梁粑（左）
来源：作者摄
图 3-56　众人来沾喜（右）
来源：作者摄

**图 3-57　归柳侗寨上完宝梁
的民居框架**
来源：作者摄

第七步，开大门仪式。民居大门建好之后，所有的亲戚朋友纷纷前来祝贺，主人会先在门外贴上书写有"开门大吉"的红纸。大门安装好以后，要挂上红色的布，表示吉祥如意、开门大吉。在黔东南榕江县栽麻镇大利村，主人建新房子要摆酒三天。

黔东南侗族地区的干阑式建筑都是由本地区的侗族民间木匠建造完成，这些木匠被称为"掌墨师"。侗族这流传千百年的建房子技术靠的是师傅口口相传教给徒弟。建造过程中没有图纸。这些不通书文的掌墨师，都有着高超的建筑技艺。农忙季节他们是普通的农民，建房子时又是技艺高超的匠人。笔者走访发现，在黔东南侗族地区几乎每个侗族村寨都有技艺精湛的掌墨师。

侗族的掌墨师修建民居、风雨桥、鼓楼等干阑式建筑都不需要设计图纸。修建房屋时，掌墨师听了主人家的想法和意见，已经了然于心。侗族掌墨师还会使用一系列建筑符号，这些符号是

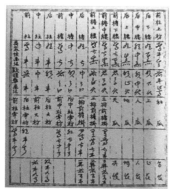

图 3-58　掌墨师建筑符号汇总
来源：张柏如 . 侗族建筑艺术 [M]. 长沙：
湖南美术出版社，2004：20.

图 3-59　掌墨师写在木材上的符号
来源：作者摄

世代相传的，只有侗族的掌墨师才
看得懂（图 3-58、图 3-59）。

侗族掌墨师信奉鲁班先师，在
立房子之前先要拜请鲁班先师，请
鲁班先师显灵，庇佑开工"大吉大
利"，保佑房屋的主人万事如意、风
调雨顺。

鲁班是历史上的真实人物，文
献记载：鲁班也被称为公输般、公
输子，因为他来自鲁国，所以又被
称为鲁班。春秋末期，他是鲁国的

图 3-60　鲁班先师画像
来源：午荣 . 鲁班经 [M]. 北京：华
文出版社，2007：14.

著名工匠（图 3-60）。《礼记·檀弓》《孟子·离娄》以及墨子的
《公输篇》和《鲁问篇》等先秦典籍，对鲁班也有很多记载。鲁班
发明了许多与生产生活有关的日常工具，如曲尺、铲、钻等。作
为行业祖师爷，鲁班并不完全是一个特定的人，而是一个智慧和
神圣的集合，是整个建筑业的神。因此，人们经常将许多神奇而
宏伟的建筑纳入鲁班的传奇故事。

流传于后世的《鲁班经》并不是鲁班本人所写。《鲁班经》总
结了工匠们数千年积累的实践经验。它不仅是关于木工的经典之
作，还是传统建筑和建筑文化的经典之作。

笔者从《鲁班经》中找到立柱、上梁等的介绍，可以对照侗
族掌墨师建造房屋的过程和方式（图 3-61 ~ 图 3-66）。侗族掌墨
师营造建筑中所使用的手锯、曲尺、斧子、锤子、凿、墨盒等工
具在《鲁班经》之中均可找到。

图 3-61　木工凿木

来源：午荣．鲁班经 [M]．北京：华文出版社，
2007：1.

图 3-62　工匠木马伐木

来源：午荣．鲁班经 [M]．北京：华文出版社，
2007：14.

图 3-63　掌墨师在木马上砍宝梁

来源：作者摄

图 3-64　掌墨师凿木

来源：作者摄

图 3-65　掌墨师工具

来源：作者摄

图 3-66　杨光锦墨盒

来源：作者摄

前文已经介绍了侗族建房上梁的祝词，将侗族建房过程中的上梁、竖柱等与《鲁班经》对比，可以看出，二者如出一辙。

侗族认为万物有灵、天地人神合一，侗族建筑又是侗族祖先伟大的创造，其中有侗族人的丰富情感和思想。侗族人认为建房中的各个仪式、祭祀、选基、伐木、上宝梁、房屋朝向、开工时间等都与福祸密切相关，因此侗族掌墨师一直沿袭着敬畏天地诸神、敬畏万物生灵的思想。例如，在建新房子上梁仪式结束的时候，掌墨师会在房梁上往下撒喜糖、粑粑等，邻里众人们纷纷来抢，对主人建新房表示祝贺；掌墨师还会在宝梁上放两担新收的稻谷给鸟吃，让鸟也来沾沾主人家的喜气，体现了侗族崇尚万物有灵的思想。

3.3　黔东南侗族建筑形式的生成因素

3.3.1　社会组织结构与建筑形式的关系

侗族的古歌中有这样的叙述：

田要有鱼窝，

寨要有鼓楼。

……

鲤鱼要找塘中间做窝，

人们会找好地方落脚；

我们祖先开拓了"路用寨"，

建起鼓楼就像大鱼窝。①

从这首古歌中可以看出侗寨是以鼓楼为中心，聚族而居。侗族是一个内聚力非常强的民族，这个特点与侗族的社会组织形式和社会结构是分不开的。在侗寨，一般是以个体家庭为单位，以宗族组织为基本单元。侗族人或者以一个单独宗族聚居而形成村寨，或者由若干房族组合成一个村寨。

一般在侗族村寨有几个宗族就有几座鼓楼，但是在一些侗寨由于受到经济条件的制约，也存在几个宗族合起来修建一座鼓楼的情况。例如，黎平县肇兴侗寨是一个比较大的侗族聚落，全寨有 758 户，4600 多人口，占地 180960 平方米。整个肇兴侗寨都姓陆，有 5 个宗族，一个宗族为一个寨子，分别命名为"仁""义""礼""智""信"。寨子里有 5 座鼓楼，分别是仁团鼓楼、义团鼓楼、礼团鼓楼、智团鼓楼、信团鼓楼。

侗寨是以血缘关系为纽带建立的，基本上是一个家族组成一个寨子，形成了款组织。侗寨的款组织不是强制性的，而是以自愿联合为基础，以平等盟誓为条件，以款条、款规为规范，以公议、公断为处理方式建立起来的。其主要职责包括：规范房族内部、村寨和社区内部的管理，解决内部纠纷，维护村寨和社会秩序，抗击外部势力的侵犯，确保族群和谐相处及利益不受侵犯。

从侗族的建筑空间结构可以看出，侗族用建筑空间语言写了一首侗文化的诗歌。侗族村寨是一个以血缘为纽带的社会组织结

---

① 张民，普虹，卜谦.侗族古歌：下卷 [M].贵阳：贵州民族出版社，2012：169.

构，拥有自发的民间组织和习惯法；数百年来侗族特有的社会组织形式和社会组织结构对侗族文化以及建筑空间的形成都有一定的影响。

3.3.2　稻作方式与建筑形式的关系

任何一个民族的延续都有自己特定的生存空间、地理环境的客观条件和生态文化的基础。黔东南侗族居住的地域属于亚热带季风气候区，冬无严寒，夏无酷暑，山脉绵延不绝，溪流众多。独特的地理环境孕育了侗族特有的生态文化。"土能生万物，地可发千财"，侗族人心目中的土地主要是指稻田。侗族人的稻田既可以养鱼又可以种植水稻，是一种独特的稻作方式。

侗族特有的水稻种植、晾晒、存储方式，对于侗族建筑形态的形成具有一定的影响。建筑首先是为人服务的，因此建筑的结构、功能和形态都是作为建筑主体的人所要考虑的。干阑式建筑取材杉木，具有防潮、防虫、止兽等特点。侗族民居的一楼是不住人的，用来饲养牲畜；二楼才是房屋主人的生活空间；三楼是储物空间，用来晾晒和储存稻谷。谷仓、禾晾都是干阑式建筑，这两种建筑形态也是为满足侗族人晾晒和储存稻谷需求而产生，而且侗族还有为防止火灾另起粮仓的做法，也就是说粮仓和民居建筑是分开的。一方面，这样的空间构成可以区分建筑空间功能，也就是生活空间和储藏空间分开，以增加民居空间的使用面积，满足主人更多的生活需求；另一方面，侗族"另建粮仓"的做法可以有效地防止火灾给粮食造成损失，因为侗族民居里有用火塘起灶的传统，一旦用火不慎，房屋起火会殃及粮食。

我们在从江县占里村可以看到巨大的禾晾群，在从江县银潭村、黎平县寨母村等侗族村寨可以看到整整齐齐的禾仓群。如果说干阑式建筑是基于水稻农耕生产所产生和发展起来的建筑形式，那么侗族传统的稻作农耕方式对于建筑形态的产生便具有关键性的影响。侗族特有的建筑形态空间布局是侗族生产劳动模式影响产生的结果，是适应黔东南侗族地区的生产和生活方式，是真正扎根于黔东南侗族地区的一种具有适用性和实用性的建筑空间形态。

3.3.3　精神文化与建筑形式的关系

前文已经提到黔东南侗族是一个对生活充满热情，文化娱乐种类非常丰富的民族。黔东南侗族的精神文化在某些方面对建筑形式也有一定的影响。

侗族大歌是在节日里全村寨男女老少齐聚在鼓楼前一起唱歌表演的方式，这种以侗族鼓楼为背景的大歌演唱形式是相当震撼的。侗族又有"行歌坐月"的风俗传统，侗族青年人傍晚齐聚鼓楼，拉牛腿琴，唱琵琶歌，用歌声传递对美好爱情的向往之情。戏台的建造为侗族人的文化表演提供了一个娱乐场所。笔者调研发现，在黔东南侗族地区每个村寨至少有一座戏台，大的村寨有一个业余戏班子。每年农历正月、二月村寨之间都要互相走访演侗戏。侗族萨坛的建造为侗寨提供了一个精神崇拜的场所，是侗族信仰文化空间的典型写照。建筑是在满足人们追求的基础上产生的空间文化，我们可以看出，侗族的精神文化对侗族建筑形式有一定的影响。

第 4 章

黔东南侗族建筑艺术特征分析

4.1　黔东南侗族建筑的造型特点

4.1.1　外部造型

1. 聚落造型特征

侗族地区山林茂密，江河纵横交错，侗族村落的建筑是依山而建、临水而兴，所以形成了依山傍水的聚落形态格局。在侗寨的建设中，非常注重自然环境的保护和利用。侗族建筑几乎所有的建筑材料都是取自山林之中。侗族人坚信营造建筑要顺应地势，不破坏现有的建筑环境。侗族寨老常说："老人管村，古树保寨。"环抱在侗寨四周的树林被村寨的人们视为保佑村寨兴旺发达的"风水林"，不允许任何人随便砍伐这些树木。今天的侗寨，远远望去，会呈现这样一幅图像：古木参天，潺潺的溪水从寨子里流过，鸟儿在这里歌唱，层层叠叠的民居围绕着鼓楼。

依据侗族的风水观，起伏不断的山脉被视为"龙脉"，而"龙脉"总是面对水和开阔的土地。侗族村落就是建立在这样的"龙脉"上。山脉延伸到水坝或溪流边缘的地方，被认为是"龙头"。"龙头"的前面被溪水和开阔的大坝所包围，"龙头"后面是高低起伏的山脉（"龙脉"），侗族村落就建在"龙头"上，被称为"坐龙嘴"。从侗寨的村落图可以看出，侗族聚落的形态如一条盘旋的长龙，横跨在山脉和溪流之间（图4-1、图4-2）。

2. 屋顶造型特征

从建筑形态上来说，屋顶是空间限定的重要元素，屋顶的

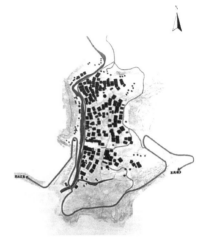

图 4-1　大利侗寨平面图
来源：贵州省住房和城乡建设厅 . 贵州传统村
落 [M]. 北京：中国建筑工业出版社，2016：34.

图 4-2　占里侗寨平面图
来源：贵州省住房和城乡建设厅 . 贵州传统村
落 [M]. 北京：中国建筑工业出版社，2016：106.

形态特征对于空间形态具有深刻的影响。侗寨建筑的屋顶总体以坡顶为主，干阑式建筑不论是老房子还是新房子都是坡屋顶。民居建筑虽然都是坡屋顶，但是其形式多样，形制与汉屋顶的形制类似，只不过在侗族工匠的手中将其演绎得更加不拘一格，灵活多样。

　　侗寨建筑屋顶的构图并不强制遵照对称、平衡等形式美的原则，而是以实用为原则。这也是在侗寨用地受限、自然条件受限下最为合理的建筑格局。从另一个方面进行分析，因为单体建筑民居屋顶形式的灵活处理，使得建筑生动而且具有层次，避免了僵硬、呆板的建筑形态。由于地形起伏，侗族民居聚落空间具有高低起伏的韵律感。

图 4-3　大利侗寨民居
来源：作者摄

与平坦地区不同，山地村落屋顶的视觉形态随着人行进路线高度和视觉焦点的变化而变化。在上山环绕村寨的行进过程中，人们的观察点不断发生改变，随着观察者行进的脚步，屋顶的形态逐渐发生变化，只有身临其境才可以真正地感受到这种层层叠叠交织的美。侗族民居建筑的屋顶是整体聚落建筑特征的重要表达元素，从建筑形态上讲，这种不拘一格的屋顶处理方式给整个建筑空间带来了更多的肌理、韵律和美感（图 4-3、图 4-4）。

图 4-4　述洞侗寨民居
来源：作者摄

4.1.2　内部造型

　　黔东南侗族地区不管是神圣的鼓楼，还是具有生活气息的民居、戏台、禾仓、禾晾等建筑都是榫卯结构。民居是典型的榫卯结构建筑，整栋房屋不需要一颗钉子，主要是通过柱、瓜、枋用榫卯连接。枋是连接柱瓜的，柱越多，瓜就越多，穿枋的空间就越大，房屋也就越坚固。民居的屋架一般用 5 根或 7 根粗的主柱穿成排扇，然后再以横穿枋连成架，上端加梁，梁上铺椽，椽皮上以青瓦覆盖，呈前后两檐的形式，左右两边分别竖矮柱并以横梁覆盖，称为偏厦。传统的侗族民居一般以杉木为柱，杉板为壁，有的是拿杉皮为"瓦"，有的直接铺黑色的青瓦，极具侗族特色。

　　鼓楼也是榫卯结构，每一座鼓楼的结构都是由柱、瓜、枋、杆等构件组成的。柱、瓜起负荷支撑的作用，枋、杆起到连接结构的作用。然后，用榫卯衔接各个部位的柱、瓜、枋等，共同组成建筑物。这是侗族鼓楼建筑结构的基本特点。柱、瓜所开之榫眼，有大有小、有宽有窄、有多有少，但都是根据建筑结构的需要而有规律地分布在柱、瓜的各个位置上。而在枋和杆上所削之榫头，形状复杂、技艺精巧、名称繁多，它是将柱、瓜和枋、杆衔接起来，从而使整个鼓楼得以巍峨耸立、傲然于世的关键所在（图 4-5）。

　　以四柱式鼓楼为例，所谓的四柱式鼓楼是指它是以 4 根大柱子为主要支撑，这 4 根大柱子从地面一直通到鼓楼顶部。4 根大柱子的上端和中间部分通过榫头同 4 个大长方体相连。4 根柱子下部由 4 个"脚"相连，形成了 4 个大柱子的基础。上部的 4 个方形梁，中间的 4 个方形梁和下部的 4 个"脚"截面都是正方形。

图4-5　胜利侗寨鼓楼内部结构图
来源：作者摄

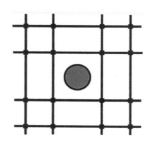

图4-6　四柱鼓楼平面图
来源：作者绘

底部截面的正方形最大，其次是中间的，顶部的最小（图4-6）。之所以采用这种形式，是因为不是垂直连接到正方形，而是倾斜到中心。以此方式，主支撑框架看起来是四棱锥形的骨架，这4根大柱子的长度决定了鼓楼高度。连接木枋数量越多鼓楼层数越多，鼓楼的高度也就越高。六柱和八柱式鼓楼的营造方式亦是如此，鼓楼的柱子越多，鼓楼的高度就会越高。鼓楼的结构越是复杂，其工艺难度也越大。

4.2　黔东南侗族建筑的装饰手法

《考工记》曰："天有时，地有气，材有美，工有巧，合此四者，方可为良。"侗族建筑对时间、环境、材料、技术的严格要求，使得建筑形式灵活、考究，建筑功能更加人性化。

4.2.1 雕塑

1. 泥塑

　　笔者经过大量的田野考察发现，侗族建筑的泥塑装饰主要分布在鼓楼和风雨桥上。鼓楼每层的檐角上都有泥塑装饰，装饰的内容有鱼、狮子、龙、猴、凤鸟、珠郎娘美人物、侗族琵琶歌人物等。这些泥塑的题材大多是围绕侗族生活选取的，属于侗族的精神文化。泥塑一般分布在鼓楼每层的檐角上，主要在鼓楼一层、二层的檐面上。鼓楼和风雨桥在黔东南侗族人民的心目中非常重要，这不仅体现在古歌和传说中，而且侗族匠人不遗余力地对鼓楼和风雨桥进行装饰，足见其地位之高。在侗族建筑上看到的泥塑，制作材料主要是石灰、糯米浆、泥巴、棉花、钢丝等。制作泥塑的工匠全部来自侗族民间（图 4-7）。这些泥塑的色彩有的和鼓楼的翼角一样涂成白色，如岜扒鼓楼上的泥塑，有的则用红、黄、蓝、绿、褐等涂成彩色，色彩明亮艳丽。在鼓楼檐翼的翼角上，可以看到鸟、龙、鱼、猴子捞月、狮子、狗的泥塑造型，有的造型形象粗犷、有张力，有的造型稚拙、生动活泼。在鼓楼进门的位置，在门框上经常会看到双龙戏珠的泥塑装饰，两条龙形象威猛，非常有震慑力，在鼓楼的柱子上有盘龙的身子。在从江黄岗侗寨鼓楼的一层檐翼上，可以看到一对情

图 4-7　侗族匠人制作鼓楼泥塑
来源：钟涛 . 中国侗族 [M]. 贵阳：贵州民族
出版社，2007：110.

歌对唱的男女塑像，男生拉着牛腿琴深情地对着女生唱情歌；在小黄鼓楼宝顶上可以看到薛仁贵和盖苏文戏曲人物的雕塑形象。在一些村寨的寨门、风雨桥的宝顶上有狮子、龙、凤等泥塑形象；小黄村寨门和风雨桥一体的宝顶上也塑有双龙泥塑。我们从这些泥塑造型上可以看到侗族匠人的超级想象力，他们虽然没有受到过任何形式的专业培训，但是作品造型生动且有感染力。在高增坝寨鼓楼的装饰泥塑上可以看到西游记、穆桂英、哪吒闹海等汉文化中有趣的历史故事，设色明艳、大胆，造型质朴、活泼，充满趣味性（图4-8）。

在侗族建筑的风雨桥上，也有一些装饰泥塑。如黎平县地坪乡的地坪风雨桥檐脊上有2条腾云驾雾的龙，腊洞镇地扪村的双龙桥和双凤桥分别有2条飞舞的巨龙、2只在空中起舞的凤。静谧的溪流和茂密的树林环抱着整个侗寨，层层叠叠的干阑式建筑相互掩映，潺潺的河水从风雨桥下流过，袅袅的炊烟在远处的侗族民居的上空升起，双龙双凤犹如在空中飞舞升腾。

2. 石雕

黔东南侗族建筑的石雕分布在水井、土地庙、鼓楼的柱础上，取材青石，雕刻精美，造型淳朴。

柱础石雕造型一般为几何纹饰的阴刻图像，雕刻手法属于浅雕，强调手法对称，造型简约。但也有个别柱础造型灵动，如高近鼓楼柱础的石雕。柱础的直径40厘米左右，因为黔东南地区气候多雨潮湿，为了防止柱子腐烂，在鼓楼的每根柱子下都垫上石质雕刻的柱础，取象于龙，雕刻精美，上面还有两个阴刻的鱼的造型。

小黄鼓楼猴子捞月雕塑　　　　　　　小黄鼓楼戏曲人物雕塑

小黄鼓楼狮子雕塑　　　　　　　　　银潭鼓楼龙和人物雕塑

肇兴信团鼓楼狮子雕塑　　　　　　　肇兴智团鼓楼龙雕塑

图 4-8　各地鼓楼上的泥塑

来源：作者摄

在从江占里侗寨的古井上，装饰有龙、鱼、鸱吻、仙鹤的图像，造型古朴、自然，雕刻手法采用阴刻。这些神兽不仅仅是一种装饰图像，还具有一定的象征意义。

在增冲侗寨有 2 个石雕狮子，狮子造型稚拙，雕刻手法精巧，远远望去两头张着血盆大口的狮子特别有震慑力，是村寨的守护神。增冲侗寨的土地庙完全是由石头雕刻而成的，一对石鸡、鸱吻的图像，雕刻精美，造型稚拙，惟妙惟肖。另外，在增冲侗寨还有 2 个大石狮，并排朝向河流出口的峡谷方向。据寨子里的老人说："一方面石狮是前人用来守护风水的。另一方面因过去对面山上多老虎，常伤害人畜，前人也用石狮子来镇老虎。"离石狮约40 米处，横跨一座风雨桥，桥头又立有 2 个石雕雄鸡。老人们解释："前人为了保护寨子周边的龙形山脉，在下方的蜈蚣形山脉上建起风雨桥之后雕了这个石雕雄鸡。"这些饰刻是侗寨人风水观念的最直接表现（图 4-9）。

高近戏台柱础   增冲石狮子

图 4-9　石雕

来源：作者摄

增冲石鸡   大利水井

占里古井   銮里石狮子

图 4-9　石雕（续）
来源：作者摄

3. 木雕

　　木雕在侗族建筑装饰上随处可见，尤其以垂莲柱装饰居多（图 4-10）。在侗族建筑的民居、鼓楼、戏台上随处可以看到莲花垂柱的装饰，这些全部是用杉木雕刻而成的，雕刻精美。这种造型跟中国传统建筑中的垂莲柱的造型相像。垂莲柱上雕刻形似莲花的花瓣，莲花在中国人的意象中具有吉祥如意的寓意。垂莲柱的造型寄托了侗族人对美好生活的向往。

高近鼓楼垂莲柱   大利民居垂莲柱

图4-10   垂莲柱
来源：作者摄

4.2.2   彩绘装饰

　　侗族的彩绘装饰主要分布在侗族鼓楼和风雨桥上，这些彩绘艺术引人驻足、让人流连忘返。鼓楼是侗乡村寨的活动中心，是最引人注目的文化视窗，故在追求造型和结构艺术的同时，常常以鲜艳夺目的绘画艺术和精巧细致的雕刻工艺来渲染烘托，形成侗族特有的代表性艺术文化。鼓楼的绘画，多绘于每层檐边上和楼内的横梁上，彩绘题材极为丰富。风雨桥被誉为"侗族的艺术长廊"，内檐板上的彩绘显现了一幅幅生动、活泼、质朴的画面。

　　彩绘的内容多是反映侗族的田野乡风、家园生活、民俗礼仪、生活娱乐等，涉及范围比较广泛。有关当地家园生活主题的有侗族大歌、琵琶歌、牛腿琴对唱、青山恋歌、牛王争霸、耕田、犁地、木工盖房子、摆酒席、插秧、丰收景象、上山打猎、禾田捉鱼、田野烤鱼、捕鱼晒网、芦笙踩堂、行歌坐月、弹琵琶、跳哆耶、织布、纺纱、米汤洗头、打糍粑、制作侗布、河边晒布等。自然界中的有花鸟鱼虫、飞禽走兽、山川云霞、日月星辰、草木水土等。人物有穆桂英、薛仁贵、盖苏文等历代戏曲人物以及李白、王羲之等历代文人墨客。民俗礼仪题材有：订婚、接新娘、婴儿满月、抬棺人、走相思等。汉族文化中的神话故事有观音菩萨、弥勒佛、济公、七仙女、西游记等（图 4-11）。小黄鼓楼上的彩绘就是代表之一，彩绘描述的是侗族大歌对唱的情景，还有老虎、恐龙、狮子、螃蟹、乌龟、鱼虾等动物（图 4-12、图 4-13）。这些图案的构图多以平铺式的形式出现，布局合理、疏密默契、结构严谨、思维活跃、立体感强、手法自由、想象丰富、表现力强，有艺术化的处理，又不失其原生态形态，整个画面妙趣横生。这些朴素大方、线条工整而富有浓郁民族色彩的侗族彩绘，一般用红、黄、绿、蓝等色绘成，色彩明艳，有富丽豪华之感，与层层叠叠的翘檐和每层檐脊上的雕塑造型相映衬，营造出一种洒脱而热烈的气氛。银潭鼓楼描绘的是侗族琵琶歌的场景。琵琶歌是侗族民间流行的一种自弹自唱的说唱艺术。有民间传说，洪水滔天后，姜良、姜妹从葫芦里走出来，繁衍了人类。他们的后裔彭祖为了纪念他们，召集了 800 人来唱琵琶歌，场面极其壮观，歌声感动了天上的 7 位仙女，她们把学会的歌到处传唱，教会了各地的侗族人。因此，琵琶歌在各地流行起来。

这些内容丰富而且富有生命力和表现力的彩绘，题材丰富多样，折射了侗族人真实的生活，非常具有感染力。我们从这些分布在鼓楼和风雨桥的彩绘作品上，能够真正体验到侗族人的生活状态和精神追求。这些活灵活现的侗族社会生活的题材、神话传说、花草虫木、神兽、历史故事、民间故事、恐龙、麋鹿等，展

图 4-11　高增鼓楼彩绘
来源：作者摄

图 4-12 小黄鼓楼彩绘 1
来源：作者摄

图 4-13　小黄鼓楼彩绘 2
来源：作者摄

现了侗族人民对于精神文化的向往和追求。侗族虽然没有文字，但是侗族的审美、精神信仰、物质生活文化、充满幻想的精神世界，用图像呈现在鼓楼、风雨桥的彩绘上。笔者认为，侗族民俗绘画式的展现，从另外一个角度架构了侗族社会的精神图式：人与人的互助性，人与自然的相互生成性，人与万物的平等性。

4.2.3　文字书法

由于黔东南地区盛产杉木，所以侗寨建筑上的柱、枋、板、门窗、椅背、栏杆等都取材杉木。鼓楼、民居、戏台上的木构件，沿袭着中国传统古建筑的一些装饰手法和装饰图案。以鼓楼为例，鼓楼的窗饰都是镂空的并且装饰以简单的花纹图案，鼓楼的门一般装饰比较简单，黔东南侗族地区很多鼓楼基本上没有门，少数设简单的木门。由于侗族没有文字，受到汉族文化的影响，鼓楼门扇两边常挂刻有汉字的木刻楹联和匾额，内容都是一些吉祥祝词。如增冲鼓楼上的楹联为"万里和风"（图 4-14）。除此外，还有"名楼艺高，雕龙画凤，映照碧树，千秋永盛；侗寨秀丽，精文就武，辅育英才，万代长春""物华天宝，龙楼凤阁，交辉呈异彩；人杰地灵，山清水秀，相映显粼波"。堂安寨鼓楼上的楹联左联为"堂开似虎千年保东泰"，右联为"安间如狮万代守西平"，横批是"国泰民安"。

图 4-14　增冲鼓楼匾额
来源：作者摄

4.2.4　色彩

　　侗寨建筑屋顶的建筑材料多为小青瓦和树皮两类。主要的建筑坡顶采用传统烧制的小青瓦，柴房、厕所之类的附属建筑屋顶采用杉木皮。青瓦与杉树皮在色调上属于深灰色，两种材质置于屋顶，远远看去在色彩上并无差距，走近时会发现两种材质不同的肌理，给建筑增加了不一样的生机（图4-15）。在侗族聚落中，采取统一的屋顶样式，统一的屋顶色彩，虽然侗族民居的建筑单体布局自由，体形和体量参差不齐，但是在整体构成中却是很协调的，统一中又不僵化呆板，错落交织中又完美统一。

　　鼓楼是侗族建筑的视觉符号，在侗族人的心里如果没有鼓楼，仿佛就缺少了一个灵魂的归属。风雨桥是侗族人的"心灵之桥"，

图4-15　侗族民居屋顶色彩
来源：作者摄

又被称作"福"桥，是通往希望和幸福彼岸的桥。虽然侗族是一个没有文字的民族，其文化却可以在侗族大歌、古歌、建筑、雕刻、绘画、服饰上溯源。侗族的绘画多表现在鼓楼和风雨桥上，彩绘色彩的独特运用为侗族鼓楼和风雨桥增添了美感和生气，诠释了侗族鼓楼和风雨桥质朴的自然美。以潘通色卡工具作辅助研究，黔东南侗族鼓楼檐角基本上都是在白色的外檐板上再施以丰富的彩绘，白色是底色，彩色利用的是红、黄、蓝、绿、褐等色，色彩艳丽，纯度高，基本上没有调和色和中间色。鼓楼上起翘的檐翼也会被施以白色，多层的重檐用青瓦盖上，这种色彩搭配在视觉上形成一种强烈的对比，生动、丰富，富有节奏和韵味。外檐板上的白色与鼓楼檐顶上的青瓦（深灰色）形成鲜明的对比，鼓楼上的斗栱即蜂窝的位置则刷上红色。侗族人认为，自然而未调和的原色系可以表达侗族人的内心世界和视觉美学。这种色彩的运用可以增强鼓楼神圣、威严的气质，赋予了鼓楼独特的艺术内涵（图 4-16、图 4-17）。

鼓楼蜂窝和檐板色彩　　　　　　　　增冲鼓楼檐板和瓦饰色彩

图 4-16　鼓楼上的装饰色彩 1

来源：作者摄

占里鼓楼檐板和瓦饰色彩

小黄鼓楼彩塑色彩

图 4-17　鼓楼上的装饰色彩 2

来源：作者摄

我们不仅可以在侗族鼓楼建筑装饰上看到色彩的运用，也可以在侗族民间彩绘上看到丰富的装饰色彩。侗族民间彩绘一般是最直观的色彩，纯度和明度都比较高。颜色主要是红色、黄色、蓝色、白色、绿色、棕色，一般没有灰色调和色彩中的中间色。侗族人试图自由大胆地运用色彩，来表达个人对生活以及世界的认识。在绘画的过程中不受概念上的色彩搭配的限制，充满了个人强烈的主观主义色彩，颜色明亮、艳丽、简单。因此，侗族民间彩绘都具有强烈的民族色彩和生活特征，绘画中的色彩变化是侗族人通过对现实生活的观察来表达的。一般来说，绘画的色调是简单而统一的，几乎不需要调和色彩。绘画技法一般体现在两个方面：一是运用在装饰平面的绘画方法上，只注重色彩深度的变化，周围区域装饰以丰富多彩的图案；二是在立体的泥塑上直接涂色，色彩大胆，装饰性强。侗族民间绘画具有朴素、丰富、凝练、个性鲜明的色彩特征，以及写实色彩与主观夸张色彩的结合，具有浓厚的侗族特色。

4.3　美学特征

4.3.1　装饰美

建筑艺术也属于造型艺术的一种，但它与素描、油画、雕塑等艺术不同，建筑的装饰利用合适的材料与结构方式组成其基本的造型，建筑的装饰造型必须与建筑的功能相统一。建筑艺术跟绘画、雕塑不同的地方在于，不能像绘画那样用画墨在画布或纸张上任意描绘，不能像雕塑家那样对泥土、石料、木料依照创造者的主观情感随心所欲地雕琢和塑造。

建筑艺术表达情感的方式是通过其组成与周围环境呈现抽象的磁场和感官体验，宏伟或沉着、庄重或生动、嘈杂或安静。如果仅以这种方式来构建构图和环境，就有点单调。封建帝王希望他们的宫殿不仅拥有宏伟的氛围，还希望表现出封建王朝持久和平以及皇帝至高无上的威慑力量的统一。文人希望他们的花园不仅要有自然景观，而且要表现出非凡超脱的意境。佛教寺庙和道教宫观要展示精神世界的人与自然和谐统一的境界。私人住宅不仅要有宁静和私密性，还要给予房屋主人幸福、平安、人丁兴旺等的人生祈愿。

受中国传统文化的影响，侗族人把精神上的追求通过建筑装饰来表达。侗族人通过在民居、鼓楼、戏台、风雨桥等建筑物上使用绘画、雕塑、书法等装饰艺术表现手法，使侗族建筑装饰成为表达建筑精神功能的重要方法，通过这些装饰艺术造型大大提高了侗族建筑艺术的表现力。

作为侗族村落象征性建筑的鼓楼，不仅代表了整个侗族村落的精神风貌，而且反映了侗族人民的艺术审美。侗族人会用各种艺术手法精心装饰鼓楼，这种装饰艺术是侗族装饰艺术最高成就的代表，并以彩绘、雕塑、楹联等装饰手段为艺术表现形式。

鼓楼之所以占据侗族村寨的中心位置，是因为鼓楼是侗族村寨的神圣空间。鼓楼不仅是一种建筑形式，而且蕴含着丰富的侗族文化内涵。侗族鼓楼是侗族建筑艺术中的标志性建筑，是侗族文化的载体。其丰富的文化内涵和精神象征意义共同构成了一个极具民族特色和风格的文化境界。鼓楼不仅是侗族建筑的杰出代表，更重要的是，侗族的一切精神文化元素都离不开鼓楼，从历史记忆、宗教信仰、艺术娱乐到法律、习俗、节日、交流，都体现了侗族人的精神文化。鼓楼是侗族最具象征意义的文化符号，是侗族文化最重要的元素之一。

风雨桥反映出侗族人民的力学水平已达到了相当高的程度。风雨桥优美坚固，既可供人行走，又可挡风避雨，还能供人休憩或迎宾送客。风雨桥不仅在实际生活中发挥重要作用，在人们的心里也具有重要的分量，是沟通人与人之间、村寨与村寨之间关系的心灵桥梁。风雨桥上丰富的彩绘艺术、雕刻艺术，给风雨桥增加了无限的艺术魅力。侗族人劳动之余、旅行之间，喜欢在风雨桥的廊中休息、闲坐。风雨桥也是村寨建筑和布局的重要环节，有风雨桥沟通，村寨更加优美。

综上所述，我们几乎可以看到侗族文化的一幅长卷：以鼓楼为中心，宣讲款约、唱大歌、踩歌堂、祭萨等活动都是以鼓楼为中心举行。鼓楼、风雨桥、戏台上的装饰图像，融入了侗族人民的创造智慧，极具艺术性。这些装饰一方面具有美化建筑的功能，另外一方面可以增强侗族人民的民族归属感和自豪感，激发侗族人民团结的意识，极大地丰富了侗族建筑艺术的表现力。

4.3.2　形式美

　　"真正具有持久价值的建筑，必须能够表达除了它自身和它制造者之外的那个世界。"[①] 建筑艺术从本质上是植根在实用基础上的，但它越过了不同的价值层次，到达精神层次，进入理性王国，纯艺术的王国。建筑属于表现性艺术，不能期望它表述情节，塑造人物性格，再现事件场景，它与音乐一样，都具有抒情诗般的特性，其任务是直接表现情感。贝多芬说"建筑是凝固的音乐"。因此，可以看出建筑不仅仅是技术手段，它还具有丰富的艺术语言，是集合技术和艺术的结晶。形态、体量、群体、空间、环境等丰富的建筑艺术语言使建筑具有极大的艺术表现力，决定了建筑反映文化的可能性。它的表达性和抽象性使它具有人文性，灵魂的交流能力直接决定了它在文化体现上的有效性。建筑艺术最重要的价值在于它与文化整体的同构对应，不在于表现艺术家独特的个性，而在于映射文化，环境的群体心理具有更全面、更必然、更永恒的特质。

　　在侗族建筑艺术中，除了宏伟而神圣的鼓楼、美丽而壮观的风雨桥、村寨外迎宾送客朴素而独特的寨门外，还有充满欢声笑语的戏台以及充满节奏感和韵律感的民居。这些独特的建筑与鼓楼交相呼应，形成高度融合的建筑群落。同时，鼓楼、风雨桥、民居等这些侗族建筑，它们有着同样的精确而有设计感的内部结

---

① 　帕拉斯玛. 碰撞与冲突：帕拉斯玛建筑随笔 [M]. 美霞·乔丹，译. 南京：东南大学出版社，2014：229.

构和别具一格的外观形态，在数量关系、建筑层次、秩序的基础上交相呼应、相互依存，体现了聚落空间和谐与秩序的美，这是侗族聚落建筑整体结构的空间特点。由此可见，侗寨建筑强调和谐与完整的"聚落空间"的概念。

侗族建筑的艺术性不仅体现在它的材料和结构本身，也体现在其架构和表达，以及制造形式、结构之间的美感中。这种"形式的力量"主要表现在两个方面：一方面，是由各个建筑物本身体现的空间形式的美；另一方面，是由建筑物组合构成的序列和谐之美。聚落建筑的空间和谐之美首先在于多样性，从形式到内容的统一性，从局部到整体的和谐性。风雨桥美丽庄严，鼓楼庄重典雅，独特的结构充分体现了艺术形式的美感和力量。

鼓楼的外观形式集亭、台、塔于一体；风雨桥的外观集亭、廊、桥于一体。亭、台、塔、桥、廊的形态是不同但又统一、多样而协调，有机地构成了一个完美的建筑外观。鼓楼、风雨桥的内部结构，柱、梁、枋交错连接，组合成一个奇妙的力学方程式，处处给人以别致、新颖、节奏、对称和谐的感觉。主柱、次柱、长瓜、短瓜、十字方支撑梁，不仅变化统一，而且对立统一。各构件的受力均匀合理地分布在整个框架上，形式和谐，包含着内在结构的和谐统一的力量。千百年来，侗族的能工巧匠精益求精，技艺精湛，令人叹为观止。

风雨桥、鼓楼、寨门、戏台的造型和结构在本质上都是独特的。也就是说，每个独立的单体建筑都有其特定的内部连接。在侗族村寨建筑聚落中，建筑形态具有多样性和个体差异的特点，我们可以看到单体建筑之间的和谐与统一。

精致的凉亭、简单优雅的寨门、庄严威武的鼓楼、贯穿龙脉的风雨桥等单座序列建筑，根据数量关系和秩序，适用于最完整自然法则的和谐要求。精确、神奇的内部结构和独特的外观形式，构成了一个特定、和谐的组合。由于单个建筑具有这样的和谐基因，构成了一个具有群体序列的和谐特征的侗族建筑群落。侗族民居的单体建筑中干阑式建筑形式的高脚楼、矮脚楼排列充满着节奏感，再加上禾仓、禾晾的衬托使建筑形式序列组合形成一种既简约又有律动感的美。侗族建筑全部是干阑式结构，这种造型方式能够提高整体结构的稳定性，达到技术美与艺术美的有机结合。建筑的技术美离不开建筑的实用功能，然后去追求纯粹的精神审美，它必须把功能与审美、物质与精神有机地结合起来。因此，侗族建筑才能呈现出技术美与艺术美的和谐统一。

4.3.3　意象美

从美学的角度解读侗族的建筑，完全可以把整个侗族聚落看作一条龙。在侗族古歌中，把寨子比喻为龙窝，把鼓楼比喻成建在龙窝上。如果把侗族聚落比喻成一条龙，那么龙头则是鼓楼，层层叠叠的干阑式民居形成龙的身体，龙的尾部是风雨桥。

鼓楼和其周围的干阑式民居群落，依然投射出龙的意象。一个侗族村寨的鼓楼此刻仿佛是傲然昂首的龙头，而环绕其周围的民居则仿佛是龙的身体。这种意象的隐喻是不难解读的，一个村寨聚落便是一个龙窝，龙的传人的文化记忆和集体表象就是这样被象征的。如果从微观层次上把鼓楼本身比喻成一条龙，那么我们可以从宏观层面上把侗族聚落看作一条盘旋的龙的身体。前面我们已经提到的侗族建寨的风水理念中，龙脉、龙穴、龙嘴等便是更深层次的文化积淀和生命意识。从宏观的景观层次上看，除了侗族聚落本身的结构布局和营建规划之外，当然还应该包括村落周边的自然环境的结构。这是在大的风水框架中便已经被择居者考虑进去了的。在自然的景观世界和人工制造的村落世界之间，应该有某种中介性的东西将两者连接和贯通起来，这也应该是有寓意的符号化。

侗寨聚落具有依山傍水的环境特征，这一特征表明侗族建村寨依赖并适应自然生态环境，反映了人类早期生存实践中形成的生态经验。这种居住在山和水附近的模式，秉承与自然地形相结合而不破坏自然环境的原则。侗族村寨是一个由水田、山脉、溪流、树木、石板路、干阑式民居、鼓楼、风雨桥、戏台、萨坛等组成的一幅天然的"山居图"，反映了侗族人与自然和谐相处的人文观念，构建了一个万物和谐的文化空间。

第 5 章

黔东南侗族建筑装饰图像的象征意义

5.1　侗族建筑装饰的特点

上文对黔东南侗族建筑形成的基础、类别、空间功能以及艺术特征进行了分析，这些与侗族建筑装饰息息相关。

5.1.1　公共建筑为装饰主体

侗族建筑的装饰主要在鼓楼、风雨桥、戏台这些公共建筑上面，少量民居上面也有一些装饰，但禾晾和萨坛上面是没有装饰的。侗族建筑的聚落空间是以鼓楼为中心的一种聚落形态类型，鼓楼在侗族文化中处于核心的位置，是整个寨子的政治中心、文化中心。从整个建筑空间的装饰图像来看，鼓楼是整个建筑聚落中最复杂、最精美的建筑单体。鼓楼装饰有图案、雕塑、文字、符号等内容。图案包括劳动场景、英雄人物、传说故事、娱乐场景、斗牛比赛等，雕塑包括龙、凤凰、狮子、鱼等形象，文字包括鼓楼建造时间、名人题字、对联、寨子宣传等内容，符号有八卦图等。风雨桥上的装饰以彩绘为主，主要分布在风雨桥内部的檐板上。戏台的装饰一般也是鼓楼和戏台合一的建筑类型上面比较多，单独戏台的装饰多数为图像。侗族这些建筑上的装饰较复杂、精美。

5.1.2　装饰类型相对固定

在公元 1—5 世纪的汉魏六朝时代，文学上出现了很多著名的以"赋"为体裁的作品，描述京都及重大建筑物面貌，如东汉班固的《东都赋》《西都赋》，张衡的《东京赋》《西京赋》等。在这一系列的赋中，内容多是用极为典雅华丽、近乎诗句的文字对建筑和建筑装饰进行生动的刻画和赞美。虽然作者的出发点并不是忠实而详尽地记录当时的建筑艺术，但是透过华美的文字我们可以看到一些建筑装饰和形制的踪影，可以看出建筑装饰能加强建筑物本身的磁场，带给人们更加深刻的视觉体验。

侗族建筑起翘的处理或多或少受到了传统中原汉式建筑正吻、套兽等的影响。汉族古代传统建筑，一般屋脊和檐翼都设有神兽造型的动物形象。侗族的建筑与汉族古代传统建筑有异曲同工之处，侗族民居建筑和戏台屋顶的檐翼，造型飘逸优美，犹如欲飞的大鹏展翅。鼓楼和风雨桥上都装饰有象征祥瑞的神兽立体图像，鼓楼和风雨桥上的彩绘艺术更是丰富多彩，充满着故事性和生活气息。

侗族建筑的装饰类型分为平面型和立体型两种。平面型又可以分为平面图像、文字记载和符号三种。平面型主要在风雨桥内饰、鼓楼内饰、外檐口的封板上。立体装饰就是雕塑，雕塑的形态主要是神兽形象，一般为侗族人崇拜的图腾。立体装饰一般出现在鼓楼的宝顶和檐翼上，风雨桥的宝顶和民居的脊饰上。

5.1.3 图像具备特有含义

中国古代建筑屋顶的屋脊饰、瓦饰具有丰富的文化艺术内涵。人们将心中的神圣之物、崇拜物件，又或者喜闻乐见的人物故事、寓意吉祥的山水花鸟等，以各种形式陈设在屋顶，供奉于天，将人们的视线引向天空，寄托希望于天、于未来。同时这些神物也可"卧看闲云"般审视人间的喜怒哀乐。侗族建筑的图像也有其特有的含义。

无论是平面图像还是立体图像，每一个图像都具备特有的含义（具体含义将在本章下文详细论述）。一些装饰图像出于建造者的一些空间意象，隐含着风水或者是其他象征意义。装饰在鼓楼、风雨桥等建筑上，不仅有装饰功能，还具有一定的象征意义和隐喻，装饰图像的造型和功能是完全吻合的。例如，鼓楼精美的装饰图像表现出侗族人民的宇宙观，敬畏神灵、敬畏天地万物、天地人神四维合一的理念和对美好生活的向往。因为鼓楼本身的形象就像杉木，侗族人认为树是通天的，鼓楼的建设也是为了通天。例如，侗族民居的屋脊装饰犹如古代钱币的抽象造型，希望家族财源滚滚，人财两旺。

5.2　装饰图像的表现方法

5.2.1　故事性与情节性

1. 历史故事

在侗族鼓楼的装饰上我们会看到一些具有故事情节的装饰画，这些装饰画的故事情节均来自汉族的一些历史故事，如盖苏文大战薛仁贵、哪吒闹海、穆桂英挂帅、西游记、七仙女、济公

图 5-1　侗族鼓楼装饰画上的历史故事
来源：作者摄

等（图 5-1）。表现手法生动、幽默，人物造型稚拙中不乏艺术表现力。这些来自汉族的故事题材，丰富了侗族鼓楼的艺术语言和可读性，也展现了侗族与汉族文化的融合。

2. 斗牛

侗族斗牛既是娱乐的内容，又是村寨社交活动的形式。村寨中的牛，有轮流一起养的，也有私养的。众养的斗牛一般不用来犁田耕地等，私养的斗牛有的用于劳动，同时也用来参加斗牛活动。饲养的斗牛都冠以大名，如"震天王""春雷王""胜霸王"等。

斗牛节一般都在农历六月初"尝新节"之后逢亥日举行，但忌丁亥和辛亥，其他亥日均不忌讳。侗族人认为丁亥属火，火从下烧上，村寨中在上面居住的牛主不愿同下面居住的牛主放牛打斗；辛亥属水，水从上往下冲流，势不可挡，下面居住的牛主不愿与上面居住的牛主放牛打斗。有的是本村寨自行开展活动，也有的是数个村寨一起举行活动。侗族的很多村落为这些牛建有"牛宫"，并且有专人喂养。

大型的斗牛活动，都在传统的斗牛堂里举行。斗牛前要举行盛大的"踩堂"仪式。"牛王"停歇的地方，周围插着许多竹枝吊挂的各色彩旗（五色鸡毛），竹旗之间用绳索连接，严禁外人进入。待各寨"牛王"进场后，斗牛邀约仪式开始。邀约方一个十余人组成的器乐队伍吹起芦笙，敲打锣鼓，到对方"牛王"休息之处邀约牛的主人，对方同意后，刻木为记，各执一半为凭。然后各自牵着自己的牛，打着火把从斗牛堂两端入场。侗族人对牛有着深厚的感情，所以许多侗族彩绘装饰是斗牛题材（图 5-2）。

3. 赛芦笙

赛芦笙是吹奏芦笙的比赛活动，每年农历八月十五举行。黔东南侗族地区芦笙活动十分普遍，每个村寨的芦笙少则几十把，多则数百把。每逢节庆都要取下芦笙进行吹奏，村寨间经常进行芦笙比赛。在侗族芦笙会中，以从江县洛香镇芦笙会和黎平县水口镇的"四脚牛"芦笙会规模最大。舞者自吹自舞，参与者众多。其动作多模仿人们的各种劳动形象和动物形象，活泼生动、朴实自然（图 5-3）。

图 5-2　风雨桥斗牛彩绘
来源：作者摄

平求风雨桥赛芦笙图

信地风雨桥赛芦笙图

图 5-3　风雨桥上的赛芦笙彩绘
来源：作者摄

4. 抬官人

流传于黔东南侗族黎平、从江等地区，以黎平县的纪堂、黄岗等村寨的抬官人最为有名。每年农历元月初七、初八举行，活动持续 3 ～ 5 天，传承至今已经有 300 多年历史。抬官人的表演夸张、有趣，具有浓郁的戏剧色彩和地方民族特色，深受老百姓喜欢（图 5-4）。

图 5-4　黄岗鼓楼抬官人彩绘
来源：作者摄

5. 日常生活

在鼓楼和风雨桥上会看到一些描绘侗族日常生活场景的图像，如木工建房、婴儿满月、接新娘、织布、吃酒等场景，这些都是侗族人日常生活的写照。这些图像勾勒了侗族具有生活气息和世俗气息的画面，绘画语言质朴、活泼（图 5-5）。

图 5-5　日常生活彩绘
来源：作者摄

图 5-5　日常生活彩绘（续）
来源：作者摄

6. 田园风光

侗族建筑上的装饰彩绘还有些描述的是侗族的田园风光、山川秀丽的图景，表现对家乡的热爱之情（图5-6）。

增冲风雨桥

邑扒风雨桥

图5-6　风雨桥上的田园风光彩绘

来源：作者摄

5.2.2　数字象征

在中国古代哲学中，数字除了具备计数和算术功能之外，还被古人赋予了一定的哲学含义。《易经·系辞》中说："天一、地二，天三、地四，天五、地六，天七、地八，天九、地十。天数五，地数五，五位相得而各有合。"即数有奇偶，单数为阳，双数为阴，同样阳为天，阴为地，阴阳相错，生成相合。数与形、道一体形成了中国传统文化象、数、理的统一。同样，侗族鼓楼造型取数具有一定的时空哲学意蕴。侗族鼓楼平面形状檐角数取双数为边，如四、六、八……；檐层数取单数，如三、五、七、九……从而达到了阴阳谐和，以示天地万物皆容于内。鼓楼檐层取数为单数，尚含有"无穷""永久"的时空含义。在中国传统观念中，单数可视为表示"多"和"无限"的虚数。《老子》中有"道生一，一生二，二生三，三生万物"。而"举一反三""三令五申""九天"等词语中的"三""五""九"并非实数之指，乃言其数多或无限高。檐层有 3 层、5 层、7 层、9 层、11 层、15 层、17 层、21 层不等。鼓楼的檐层数只取单数，而不取双数，在侗族的观念中，单数表示"无限"的意思，檐角则多为 4 角、6 角、8 角。从美学的角度来看，檐层取奇数，檐角取偶数，从视觉上形成强烈的对比。檐层多，形体高度也随之增大，13 层鼓楼高度在 20 米以上。

侗族鼓楼建筑构造多为中间 4 根大柱子、周围 12 根小柱子。听寨子里的寨老们讲，正方形基座鼓楼的 4 根主承柱代表四季，周围 12 根衬柱代表一年四季十二个月。从侗族鼓楼构造的这些数字象征中，我们可以了解到侗族先民的宇宙观：鼓楼平面构成对柱、檐边，取阴阳之数而容天地，它依据于中国古老的传统哲学观念，达到与自然世界的时空对应，即天人合一，从而昭示兴旺、发达。阴阳本指日光向背的两个面，向日为阳，背日为阴。中国古代思想家，以此来概括宇宙万物的构成和运行规律，认为一切事象都处于两种正反对立而统一的物质势力中，谓之"阴阳"，两者不可缺一或失衡。两者调和适应时则兴盛，反之则混乱衰败，故而说"一阴一阳谓之道"。空间关系中，天为阳，地为阴；两性关系中，男为阳，女为阴；数字关系中，单数为阳，双数为阴。侗族鼓楼"层数为阳，檐角数为阴"，蕴藏了侗族先民取阴阳之数而容天地的建筑智慧。

5.2.3　形象比拟

建筑是一种形象艺术，在艺术类型上属于造型艺术。在建筑艺术中，为了更好地传递建造者的观念，从建筑的整体造型到局部装饰，都离不开形象的塑造，因此形象比拟在建筑装饰中有着比较广泛的运用。

从侗族民居房檐上的檐翼，鼓楼上的翼角，戏台、寨门的翼角，我们仿佛可以看到《诗经·小雅·斯干》中记载的"如鸟斯革，如翬斯飞"，如大鹏展翅般的造型。侗族是百越民族的后裔，百越人崇拜鸟图腾。考古资料说明，其先民早在距今 7000 年前就已经开始崇拜鸟图腾了。从浙江河姆渡文化的新石器时代遗址中出土的文物中多有鸟形雕塑、图案，特别是牙雕工艺品，以鸟形象为题材的雕刻居多（图 5-7）。

我国的南方民族，是水稻文明的创造者。南方气候湿热，适

图 5-7　浙江河姆渡文化新石器时代遗址出土的牙雕
来源：作者绘

合生物存活。由于古代生产力低下，耕作方式是传统的农耕模式，经常发生虫害，古人祈求上天想要得到一个好收成，希望能够战胜这些灾害。在劳动中，百越人发现，水鸟可以给人类带来谷种，使不长谷的地方，忽然长出谷来，水鸟可以啄虫除草，使庄稼长得茂盛，凡是水鸟群集的地方，必定丰收，反之则必定歉收。于是，人们把水鸟当作天神派来的丰收使者。所以，古代百越人一直把鸟作为图腾。水鸟与农事的密切关系，在与南方民族有关的古籍中，也不乏记载。《水经注·江水》记载，禹"崩于会稽，因而葬之，有鸟来为之耘，春拔草根，秋啄其秽"。《越绝书》记载："大越海滨之民，独以鸟田（田作耕字解）。"《吴越春秋》也记载有"百鸟佃于泽""有鸟田之利""安集鸟田之瑞"等内容。我们从这些典籍中可以看出，古代百越人已经把鸟神化，认为鸟可以用来耕田。这也是古代百越人一直有鸟崇拜的缘由。

百越人所崇拜的神鸟叫"雒"，侗族作为百越民族的后裔，仍然沿袭着这种精神崇拜，如今侗族姑娘头饰上还有鸟的图像，村寨举办重要活动的时候男人头上也要插鸟的羽毛。由此我们可以看出作为鸟形象的"雒"在侗族文化中发挥着重要的作用，也不难想象为何在侗族的建筑上充斥着大量的鸟的图像（图 5-8、图 5-9）。

中国古代建筑屋顶的优美轮廓和独特形象，曾被日本建筑史家伊东忠太誉为"盖世无比的奇异现象"。尤其是那起翘的飞檐翼角，在世界建筑体系中更是独树一帜，大放异彩。古籍里对飞檐翼角的描述生动而又充满神韵。《诗经》里说："如跂斯翼，如矢斯棘；如鸟斯革，如翚斯飞。"此句中的"翼""鸟""飞"，很自

图 5-8　胜利侗寨男人头插鸟羽毛
来源：作者摄

图 5-9　侗族姑娘头饰
来源：作者摄

然地使人想到禽鸟在空中飞翔的优美姿态。唐人杜牧的《阿房宫赋》中也有对檐角争奇斗妍的精彩描绘："廊腰缦回，檐牙高啄。各抱地势，钩心斗角。"一词一句都无不充满了跃动感。

侗族祖先为何把屋檐做成"翼""飞"的起翘形象呢？因为侗族崇拜鸟图腾。这种建筑造型在汉文化的建筑中也是屡见不鲜的（图 5-10）。在汉画像石中我们可以看到房屋的造型，故宫古建筑中起翼的屋角同样也具有异曲同工之处。

王鲁民《中国古典建筑文化探源》一书所提出的"鸟翼比附

图 5-10　汉代画像砖建筑纹
来源：吴山.中国历代装饰纹样 [M]. 北京：
人民美术出版社，1988：345.

说"具有较强的说服力。他说："使用了反宇飞檐做法的屋顶，其形态恰如一张开翅膀的大鸟。"古人之所以把屋檐比附于鸟翼，一是源于先人的凤鸟崇尚观念，一是凤鸟的图形在形式上与坡顶房屋形态的自然耦合。在古人看来，古典建筑屋宇的屋顶形态与鸟翼羽毛排列形式有密切的对应关系。

侗族民居灵动轻快，如鸟展翼的屋檐造型之所以引人关注，就其实用功能与审美心理相结合的意义而言，涉及诸多因素（图 5-11）。第一，屋檐虽然可以很好地满足遮蔽风雨的实用要求，但深远的直线形屋檐又会令室内的光线变得暗淡，而"飞檐"恰好可以使阳光照射进来，以增加室内的照明。第二，侗族建筑的斜坡屋面，在整幢建筑中所占的比重很大，所以就成为人们注意和欣赏的中心，而反曲向上的大屋顶，可以减轻因巨大形体带给人的心理压力。起翘的翼角有着很形象的向上腾飞的动感，从而使建筑实体变得更为轻盈、飘逸。第三，侗族的屋顶是静止的，像一个压向地面的庞然大物，但由于它"舒翼若飞"，如大鹏展翅，远远望去，能给人一种亦动亦静、静中有动的艺术效果，这

图 5-11 邑扒民居屋顶
来源：作者摄

便是飞檐的以静示动之美。第四，翼角的弯曲向上之态与屋面，共同构成了房屋形体的曲线美，它可以导引观赏者的视线作不同方位的追逐，从而给人以极具变化的视觉美感。总之，轻逸俏丽、起伏多变的"飞檐"轮廓，在侗族聚落青山碧水、森林环抱自然景致的映衬下，确有诗一般的韵律和音乐般的节奏，也确实能给人以美的愉悦感。

侗族民居屋脊上还有铜钱的图像，代表"钱钱相扣"，寄托了侗族人对生活的美好愿望，可以揽四方之财，有招财进宝之意，如大利民居（图 5-12）。

图 5-12　大利民居脊饰
来源：作者摄

5.3　图像与隐喻

5.3.1　门簪图像

侗族的门簪图像符号是八卦中的乾坤（图 5-13）。为何乾坤的符号图像会出现在侗族鼓楼、民居的门簪上？这种图像有什么象征意义？要想了解这个图像的隐喻需要从侗族的宇宙观说起。

图 5-13　侗族民居门簪
来源：作者摄

侗族信奉易理哲学，这是侗族的哲学宇宙观。《易经·系辞下》记载："古者包牺氏之王天下也，仰则观象于天，俯则观法于地，观鸟兽之文，与地之宜，近取诸身，远取诸物，于是始作八卦，以通神明之德，以类万物之情。"观察日月星辰等天象，以及高下升降的地形，飞禽走兽身上的纹理，山川水土的地利，然后从自己身上以及各种事物中，抽离出两个最基本的符号（☰ 和 ☷），并且直接指出"乾，阳物也；坤，阴物也"。从某一种角度来说，乾代表阳（雄、男）性，而坤代表阴（雌、女）性。乾阳（☰）入于坤阴（☷），所产生的生命，体现出宇宙万物生机无穷的生命意义。生机表示万物的生命，借由阴阳交配而产生生命，所以说："天地绲缊，万物化醇；男女构精，万物化生。"天地阴阳二气，通过融合，使万物得到良好的化育。男女两性交合，使后代得以有形有体地生息无穷。因此，乾为阳，坤为阴，阴阳交合，产生生命万物。

乾卦（☰）代表天，天是万有的根本，也是万物的根源。坤卦（☷）代表地，地能凝聚成物孕育长养，滋养万物。天为阳，地为阴，天地之道即阴阳之道，天地交泰，阴阳和合，万物有序寓意其中。另外乾代表父，坤代表母。这样的例子我们可以在故宫找到，如故宫的乾清宫和坤宁宫，乾清宫为皇帝的寝宫，坤宁宫则为皇后的寝殿。在字面上就可以看到"乾"字和"坤"字。

在《周易》八卦中，乾即天，坤即地，乾清、坤宁两宫法天象地，于是"天地定位"，这样命名的用意何在呢？原来皆与《周易》卦名卦义有关。

乾清宫出自乾卦（☰）：

《彖传》说"大哉乾元，万物资始，乃统天。"

《象传》说"天行健，君子以自强不息。"

坤宁宫出自坤卦（☷）：

《彖传》说："至哉坤元，万物资生，乃顺承天。"

《象传》说："地势坤，君子以厚德载物。"

因此我们可以了解到中国古代人的建筑智慧。乾为天，天为阳；坤为地，地为阴。这象征着古代帝王是万物的始源，能够一统天下；皇后则是万物之母，可以母仪天下以滋养天下子民。因此，乾清宫与坤宁宫的寓意在于"阴阳和合"。我们在侗族建筑上也可以看到同样的建筑智慧。在黔东南侗族地区，侗族民居用"☰""☷"两个八卦符号装饰在门簪上，具有同样的隐喻，即☰（乾）为父，☷（坤）为母；☰（乾）为阳，☷（坤）为阴；☰（乾）

为天，☷（坤）为地。第一，在前文已经分析了侗族自古以来就有祖先崇拜的传统，把☰（乾）（父）和☷（坤）（母）放在门簪这么重要的位置上，笔者认为这是侗族祖先精神崇拜的产物。第二，☰（乾）为阳，☷（坤）为阴，阴阳交合，子孙后代绵延不断，这是侗族生殖崇拜的象征。第三，前文已经分析侗族是一个有着非常好的"互帮互助"传统的民族，邻里之间的关系和谐。因此，民居主人用"☰""☷"两个八卦符号来告诫子孙后代行天地之道，严格要求子孙们加强道德修养，做到"自强不息，厚德载物"，只有这样子孙后代才能生生不息，立于天地之间。

5.3.2　鼓楼图像

1. 鼓楼杉木造型与都柱崇拜

侗族鼓楼基本上是综合了堂、楼、屋、塔、亭、阁等建筑要素建造的，并且鼓楼的建造位置处于整个寨子的中心。从符号隐喻的象征层面来看，鼓楼是侗族的文化符号，其背后隐含了侗族丰富的文化象征意义。随着侗族文化的传承和发展，这些图像世代传承下来。这些图像承载着侗族文化的脉络，这些装饰图像也深刻地融入鼓楼的造型风格中。每次走到侗寨的鼓楼里，总会看到一群老者围坐在鼓楼的火塘边上休憩，笔者最开心和愉悦的事情是听寨子的老人们讲有关寨子的故事传说。老人们给笔者讲述了一个有趣的神话故事：

很久以前，据说人类祖先惹怒了雷公，他从天上放火，烧尽了山上的树木。人们找不到木材盖房子，因为树木都被烧光了，挑水也没有扁担。人们只能居住在山洞里，生活很艰难。在悬崖上筑巢的燕子对人们说："看到南海岸边有树，我们可以飞过去衔来树种，有了木材你们就可以建房子了。但是，你们要答应我们，如果你们建了新房子，要让我们在它的屋檐下筑巢。"人们非常开心地答应燕子："好呀，如果你们能够帮助我们把树种带来，我们一定世世代代让你们在屋檐下做窝，永远与你们和睦相处，并且保护你们。"听到人们的承诺，燕子成群结队地飞到南海，带回来了许多树种。人们有了种子，在山区肥沃的地区种了杉树，没过多长时间，在山坡上长出了一片绿色的森林。人们看到杉树长得又高又直，杉树皮可以遮风避雨，因此等杉树长成大树，就把杉树砍下来建新房子。杉树的外形笔直、高耸，人们为了表达对杉木的喜欢，就依照杉树的形状，在平地中间建了一幢高大的建筑，慢慢地以高大的建筑为中心建造了侗族村寨。那座像杉树一样高大的建筑是大家聚会、举行仪式的场所。后来人们在这个高大的建筑里又安上了牛皮大鼓，所以就称为鼓楼。这样就有了侗族村寨，人们纷纷建了新房子，燕子也飞到屋檐下栖居。因此，世世代代，侗族人们信守诺言，记着燕子的善良，从不伤害燕子，经常在屋檐下钉一排竹钉，方便燕子筑巢。老人总是警告孩子，因为燕子的帮助我们才有这样的鼓楼，谁都不能伤害燕子，谁伤害了燕子，祖先就会惩罚他们。

　　由这个传说故事我们可以得到一个信息，侗族鼓楼从外部造型上来看是对杉树的模仿，远远望去，鼓楼的总体外形犹如一棵巨大的杉树（图5-14）。笔者认为，鼓楼的"杉树形象模仿"是典型的都柱崇拜的产物，侗族人把本民族的宗教信仰和对美好生活

图 5-14　鼓楼和杉树形状对比
来源：高雷，邹妮妮，郑良鑫.白描·鼓楼风雨桥测绘研究实录 [M].
南宁：广西美术出版社，2011：13.

的向往都寄托在鼓楼上，鼓楼和都柱崇拜之间是有一定的渊源的。

　　我们从有关百越民族的史料中可以找到都柱崇拜最早的原型，侗族是百越民族的后裔，因此笔者推测侗族鼓楼就是"都柱崇拜"的产物。在绍兴坡塘 306 号战国墓中发现的坡塘铜屋，铜质，通高 17 厘米，平面接近方形，面宽 13 厘米，进深 11.5 厘米（图 5-15）。面阔和进深均为三开间，正面明间稍宽。南面敞开，立圆形平柱 2 根，东西两面为长方格透空落地式立壁，北墙仅在中央部位开一长方形小窗。屋顶为四角攒尖形，顶心立一棵八角形断面的柱子，柱高 7 厘米，柱顶卧一大尾鸠，鸠体丰满，翘尾昂首远望；阶座四周及屋顶四坡，饰方形的勾连阴回纹，图腾柱八面均饰勾连阴云纹，两边墙为落地式长方格透空立壁；宽敞大厅内，塑 6 位裸体人像，神态安然自若，分别作击鼓、吹笙、

图 5-15　绍兴坡塘 306 号战国墓铜屋
来源：作者摄

弹琴及祈祷状。屋内毫无日常生活设施。从建筑的规模和结构特点，特别是屋内的设施与人物活动场面看，它绝不会是一般的居室、寝殿，而是专门用于祭祀和其他活动的庙堂。从屋内祭祀活动场面可以看出，受礼者不是在屋内，而是在屋外。屋内场面既不像一般的宴饮或射礼，也不是其他的祭祀礼仪，而应是图腾崇拜的祭祀仪式。这个铜屋模型，既是该地区越人宗教活动场面的写真，又是宗教建筑艺术的珍贵标本。模型略呈扁长方形，屋下有不高的阶座，屋身前面无墙无门，为一敞开大厅，屋盖呈四角攒尖顶，顶端立一八角形图腾柱，展现出一幅"图腾祭祀"活动的生动场面。全屋结构匀称庄重，雕饰朴雅大方，型饰统一调和，人物形态逼真而富有神秘感，气氛庄严肃穆。这座铜屋模型是十分讲究的建筑物，应是古越人专门用于祭祀的庙堂建筑的模型。"这一鸟图腾柱标本的发现，对于古代越族的图腾信仰，特别是对于以绍兴为中心的于越的图腾信仰，提供了最有力的实物证据。"[1]在这件铜屋中图腾柱与鸠形鸟扮演着通天的角色，"图腾柱"与天地沟通，这是古越人典型的都柱崇拜的象征。

---

① 蒋炳钊，吴绵吉，辛土成.百越民族文化[M].上海：学林出版社，1988：320.

　　同样的都柱崇拜我们可以在大同云冈石窟南北朝时期所建的第2窟看到，这里同样是塔心柱的构建形式（图5-16）。塔心柱分为3层，位置处在整个洞窟的中心，修行和礼佛的信徒

图 5-16　云冈石窟第 2 窟
来源：作者摄

们可以围绕柱子进行膜拜，"这个传统应为早期对菩提树的崇拜而来，而这棵'树'也就成为石窟的塔心柱，其与中国传统建筑中心的'都柱'具有同样神圣的含义"①。

　　在中国传统文化里，华表也是都柱崇拜的一种形式。为何柱子成为通天的形象，这涉及原始人的宗教观点。原始的自然宗教实际上是一种简单的普遍宗教，其中宇宙与人们生活的世界在精神上相互联系。几乎每个原始人都将自己的位置定位为世界中心。该中心必须具有与更大的宇宙相关联的符号，因此选择了柱子或圣树作为符号。从上面的例子可以看出，在古代人的眼中都柱具有通天的神圣性。听寨子里的老人们讲，在修建寨子之前，侗族人必须先建鼓楼。如果暂时条件有限，则必须在寨子中间插一根杉木作为鼓楼的替代品。鼓楼在侗族人心目中无可替代，杉木作为侗族都柱崇拜的产物，从另外一个角度给予鼓楼一种神秘的身份。

① 　程建军. 营造意匠 [M]. 广州；华南理工大学出版社，2014：158.

鼓楼取象于杉树而建造，在都柱崇拜的背景下，鼓楼是可以连接天地并且与天地沟通的，这就赋予鼓楼周围的空间一种神圣的意义。侗族村寨的所有神圣性活动都是围绕鼓楼（都柱）举行的，侗族人把精神信仰和对生活的美好愿望都寄托在鼓楼上，从而赋予了鼓楼神圣空间的性质。所以，在鼓楼上我们可以找到侗族"都柱崇拜"的源头。

从另外一个层面上讲，侗族鼓楼取象于杉树，也有取其生命力旺盛的象征含义。杉树有生命力顽强的特点，老杉树被砍倒，它的根部不久之后会长出新的树苗。卡西尔提出，当一定的区域从空间的其余部分划分出来时，当它跟其他地方区别开来时，神圣化就开始了，并且也就确立了某种程度上是神圣的栅栏。

2. 述洞独柱鼓楼与都柱崇拜

黎平县述洞村的独柱鼓楼始建于明崇祯九年（1636 年）。述洞独柱鼓楼为七层檐四角攒尖顶式木结构建筑，高 15.6 米，俗称"现星楼"，亦称"杉树楼"（图 5-17）。

述洞独柱鼓楼造型独特，形制非常古老。在鼓楼的正中央有一根柱子直通鼓楼顶端，这种鼓楼造型的出现对后期的岩洞独柱鼓楼产生了一定的影响。在都柱崇拜的语境中，述洞独柱鼓楼中心这根神圣的通天柱被赋予了一种神圣的都柱崇拜的意义，这样的构建方式更加赋予了鼓楼神圣的空间意义，鼓楼在建筑形态上不仅仅是集塔、楼、阁等形态于一体的建筑空间，还是一个被赋予神圣意义、可以进行祭祀活动的精神空间。同样的都柱结构造型在日本法隆寺五重塔结构中也可以看到。唐朝时，日本曾派大批遣唐使来中国学习佛经和其他文化、技术，他们将中国的建筑

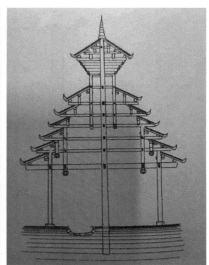

图 5-17　述洞鼓楼
来源：作者摄

技术带回日本。当时日本法隆寺五重塔的塔心柱，纵贯木塔全身，
高 30 多米（图 5-18）。我国河北省正定县天宁寺凌霄塔，还保留
着塔心柱构造的遗制（图 5-19）。因中心柱在结构上的重要性，
历史上曾产生过都柱崇拜，在今天新疆少数民族住宅建筑中，有
些还使用着中心柱，并伴随着一种都柱崇拜的仪式。

3. 鼓楼装饰色彩与隐喻

　　鼓楼的装饰色彩有三个，鼓楼楼身为朱红色，鼓楼每层的檐
板被装饰为白色，鼓楼檐上的瓦饰呈黑色。我们试想一个问题，
为何鼓楼的檐板用石灰粉施以白色而不是其他的色彩？笔者认为，
这是侗族风水观念中阴阳相合思想的典型代表。在上文已经分析

图 5-18　日本法隆寺五重塔
来源：程建军. 营造意匠 [M]. 广州：华南理工大学
出版社，2014：159.

图 5-19　天宁寺凌霄塔
来源：作者摄

了侗族鼓楼建造中的数字隐喻：檐层数为单数，阳数；檐翼数为双数，阴数。鼓楼檐顶上的黑色和檐板装饰的白色也代表着阴和阳。作为具有神圣空间意义的鼓楼，不管是建筑结构上的数字隐喻还是色彩上的隐喻，都具有同样的象征意义，即阴阳相合、万物有序（图 5-20、图 5-21）。

5.3.3　神兽装饰图像

1. 鸱吻图像

侗族建筑上的鸱吻图像，可以在鼓楼、古井、土地庙看到（图 5-22）。

鸱吻是什么？据《汉纪》载："柏梁殿灾后，越巫言海中有鱼

图 5-20　岜扒鼓楼
来源：作者摄

图 5-21　小黄鼓楼
来源：作者摄

图 5-22　侗族建筑上的鸱吻
来源：作者摄

虬，尾似鹏，激浪即降雨。遂作其象于屋，以厌火祥。"汉武帝相信越巫之言，作鸱尾以防止火灾。在东汉建筑的脊饰上，可以见到鸱尾的形象。汉武帝以鸱尾厌火的做法，在中国古建筑脊饰发展史上树立了一个新的里程碑，这个部分被称为"正吻"。从此，鸱尾作为水神的形象登上了中国宫廷建筑的脊顶。在屋顶上搬上了水生动植物的图案是基于"防火"观念而来，将屋面寓意为湖海，有了"水"就能克"火"了。

西夏王陵八号墓出土的琉璃鸱吻（图5-23）、山西五台山佛光寺大殿唐代的鸱吻（图5-24），这两个正吻形象相似，都是龙头张嘴吞脊，龙尾向内翻卷，外缘有鱼鳍，整体形状较方正。与佛光寺大殿正吻不同的是西夏王陵八号墓琉璃鸱吻的表面多了些鱼鳞。大同华严寺薄伽教藏殿和山西榆次永寿寺雨花宫也是同时期建造的，这两处屋顶的正吻也属这类造型，只是正吻整体拉长

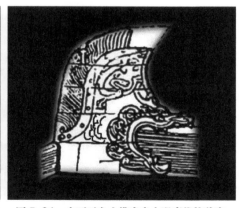

图5-23　西夏王陵八号墓鸱吻
来源：作者摄

图5-24　山西五台山佛光寺大殿唐代的鸱吻
来源：作者绘

而成瘦长形，吻身满布鱼鳞，而且向内翻卷的尾部变为鱼形了。我们从上述自唐代至宋、辽、金时期为数不多的实例中可以看到，这些屋顶上都是鸱吻的图像。

鸱吻图像在侗族建筑上起装饰的作用。另外，侗族人认为鸱作为水神，有着灭火的法力。由于侗寨的建筑是干阑式结构的木房，因此把鸱吻装饰在建筑上有着镇火的功能性隐喻，希望能够保佑村寨平安，远离火灾。

2. 凤鸟图像

凤鸟崇拜为古代百越人图腾崇拜的重要内容之一，我们在侗族的鼓楼、风雨桥、寨门、戏台等建筑上都能找到凤鸟的图像。凤鸟为何物？在中国古代神话中，凤是一种神鸟。相传凤为群鸟之长，是羽虫中最美者，飞时百鸟相随。在古代，凤被尊为鸟中之王，是祥瑞的象征。跟龙一样，华夏凤文化的起源、演变和发展，经历了一个漫长的历史阶段。从某种意义上说，现实生活中的鸟给了人们许多启发，它不像龙那样属于纯粹的想象。孔雀、燕子、雉鸡等鸟类似乎都有凤的影子。如《说文解字》有详细记载："凤，神鸟也。天老曰：凤之像也，鸿前麟后、蛇颈鱼尾、鹤颡鸳思、龙文、虎背、燕颔鸡喙，五色备举。出于东方君子之国，翱翔四海之外，过昆仑，饮砥柱，濯羽弱水，莫宿风穴，见则天下大安宁。"这种神鸟不但其外形与众不同，而且具有顽强的生命力，是祥瑞的化身，是国泰民安的美好象征。

古越人自古以来就有鸟图腾崇拜，前文已经介绍，从浙江绍兴战国墓出土的铜屋可以看到凤鸟崇拜的遗存，屋顶为四角攒尖顶，上立八角图腾柱，柱顶为一只大尾鸠。据研究，这个铜屋模型应是古百越人专门用作祭祀的庙堂建筑的模型。

中华民族自古以来就有凤鸟崇拜，汉代以凤和鸟雀为脊饰曾风行一时。有很多这方面的记载，《三辅黄图》载：汉建章宫南面的玉堂有壁门三层，台高三十丈，铸铜凤高五尺，饰以黄金，栖于屋上，下面装有转轴，迎风时有如飞翔。建章宫北门有凤凰阙，又名别凤阙，高二十五丈，上有铜凤凰。长安灵台的上面有铜鸟，迎风可动。《汉武故事》载：汉武帝造神屋，屋脊上饰以金凤，长十余丈，口衔流苏，作飞翔状。《水经注》载：东汉建安十五年（公元 210 年），曹操在邺城西建三台，其中，铜雀台上起五层楼，楼高十五丈，又于楼顶置铜雀，雀翼舒展如飞。

我们可以从历史中了解到凤鸟这种图像的象征意义。凤鸟的图像被大量使用在侗族建筑中，这跟古代百越人的鸟崇拜是分不开的。我们可以在鼓楼、风雨桥上看到大量的凤鸟图像（图 5-25）。

3. 狮子图像

狮子在佛教中有很高的地位，佛陀被称为"人中的狮子"。在公元前 3 世纪，阿育王在整个印度建造了 30 多个单石柱或阿育王柱，以弘扬佛教。这些柱子顶部有 4 头雄狮，佛陀对人类的启示就像狮子的吼叫，唤醒了世界。随着佛教深入人心，狮子已成为中国人心中高贵而庄重的"神兽"。狮子成了辟邪的神兽，逐渐取代了老虎原来的崇高地位。狮子在中国传统文化中扮演着比较重要的角色。

在中国传统建筑中我们可以看到很多狮子的造型，如澳门妈祖阁门口守候的狮子（图 5-26）。同样，在很多现代建筑中，也经常可以看到狮子的形象，如澳门南光商厦门口的石狮子（图 5-27）。

高增鼓楼　　　　　　　　　　　　　　　平求鼓楼

朝利鼓楼　　　　　　　　　　　　　　　地扪双凤桥

图 5-25　凤鸟装饰

来源：作者摄

图 5-26　澳门妈祖阁石狮子　　**图 5-27　澳门南光商厦石狮子**

来源：作者摄　　　　　　　　　　来源：作者摄

在侗族鼓楼和风雨桥上我们也会找到狮子的图像，这些图像多作为鼓楼的脊饰，具有辟邪、震慑的寓意（图 5-28）。

肇兴信团鼓楼石狮子　　　　　　　　　平求风雨桥石狮子

高近鼓楼石狮子　　　　　　　　　肇兴仁团鼓楼石狮子

图 5-28　侗族建筑上的石狮子
来源：作者摄

4. 龙图像

龙是中华民族的图腾形象，中华民族自古以来就有龙图腾崇拜，龙也被认为是祥瑞的化身。龙是我国古代传说中的奇异神兽，有一种说法认为"龙为九似之物。鹿角、牛耳、驼首、兔目、蛇颈、蜃腹、鱼鳞、虎掌、鹰爪，龙之状也"。可以看出，龙身体长，有鳞，有角，能走，能飞，能游泳，能兴云作雨。

　　中国龙文化源远流长，目前已发现 8000 年前的龙图腾图案。《左传·昭公十七年》云："太昊氏以龙纪，故为龙师而龙名。"太昊为部落联盟首领，其下有青龙氏、赤龙氏、白龙氏、黑龙氏、黄龙氏等以龙为图腾的部落。越人是夏后氏的后裔，夏后氏为蛇身人面，即以蛇为图腾。《说文·释蛇》中记载："东南越，蛇种。"因此，侗族自古以来就有把蛇作为图腾的文化传统。在侗族古歌中关于龙和蛇有这样的传唱：

　　　　当初龙公住在岑阳坡，取名敖光从那上界来。

　　　　上界下来结情侣，结成夫妻生下蛇龙崽。

　　　　二次龙公取名敖光住在西海楼，

　　　　他去天上娶得门梅姑娘从那上界来。

　　　　上界下来结情侣，结成夫妻生下蛇龙崽。①

　　侗族人认为蛇是龙生的孩子，被称为"蛇龙崽"。我们在侗族鼓楼、风雨桥上可以看到盘龙、卧龙、飞龙、龙椅等各种龙的图像，而且数量多、造型繁复、精美、惟妙惟肖。为何侗族鼓楼上有那么多的龙的图像？我们从侗族古歌中也可以找到原因。古歌中这样描绘：

　　　　当初龙公东海住，

　　　　太白神仙请他来造楼。

　　　　造起高楼龙王坐，

　　　　五湖四海龙王来领头。②

①　张民，普虹，卜谦．侗族古歌：下卷 [M]．贵阳：贵州民族出版社，2012：133.
②　张民，普虹，卜谦．侗族古歌：下卷 [M]．贵阳：贵州民族出版社，2012：137.

从这首古歌中我们可以了解到，鼓楼是用来给龙王"坐"的，而且龙王要雄霸"五湖四海"，这样就赋予了鼓楼和龙一个神秘的隐喻。侗族鼓楼是侗族文化的标志，是侗族神圣的精神空间。所以，在侗族鼓楼上会呈现大量龙的图像，至于侗族风雨桥、寨门上的龙也有同样的含义。龙是侗族鼓楼上最常见的装饰造型，因为侗族把鼓楼比喻成龙窝。在从江县高增、小黄、银潭等村寨的鼓楼大门上都有两条盘旋在门上的盘龙雕塑，惟妙惟肖，盘龙极具有震慑力，赋予鼓楼更加神秘的色彩。在高增乡的坝寨鼓楼里还陈设着一条能容纳 10 个人左右的"龙椅"，"龙椅"的造型很独特，龙的身子被装饰上朱红色。虽然由于年代已久，颜色稍微有些剥落，但是仍然能明显地看出其原有的色彩。从龙尾到龙头的位置盘旋而起，高度逐渐升高，犹如一条真正的巨龙盘旋在鼓楼里，给高增坝寨鼓楼增加了更加神秘的色彩（图 5-29）。

高增坝寨鼓楼"龙椅"
图 5-29　侗族建筑上的龙
来源：作者摄

小黄鼓楼

高增鼓楼

肇兴仁团花桥

增冲鼓楼

图 5-29　侗族建筑上的龙（续）

来源：作者摄

第 6 章

黔东南侗族建筑艺术的时代变迁与保护

6.1　黔东南侗族建筑濒危状况分析

6.1.1　自然灾害与侗族建筑保护

1. 火灾

黔东南侗族干阑式建筑是在贵州西南高原上独特的自然和地理环境下产生的建筑形态，取材杉木，具有通风好、防虫止兽、便于粮食存放等优点。但其也具有一定的弊端，因为木材容易燃烧，火灾是黔东南侗族传统村落建筑最大的克星。村寨一旦发生火灾，一个数百年的传统聚落瞬间便会变成废墟。如今，在侗寨到处可见"防火防电""避免火灾"的宣传标语，整个村寨对防火很重视。虽然如此，侗族传统村寨火灾也时有发生。

（1）信地鼓楼。信地鼓楼是贵州省省级文物保护单位。位于从江县往洞镇信地村宰友寨边，始建于清乾隆二十五年（1760年），后毁于寨火，清末重建。信地鼓楼13层，重檐，形如宝塔，六角攒尖顶建筑，高20余米，占地80平方米。鼓楼内柱6根穿斗，直至十二层，每柱高16米。另竖檐柱6根，每柱凿榫眼，用穿枋与内柱相连，呈辐射状，形成鼓楼的主要构架。层层往上，逐层用短瓜柱收刹，至十二层六柱顶端，再覆盖一层六角翘檐楼冠。顶端为陶瓷葫芦宝顶。各层檐板彩绘有龙、凤、鱼、虾、雄鹰、山水等图案。内置一木雕蛟龙，长4米，龙头从"干梗"窗内伸出，身东面西，怒鳞奋爪，栩栩如生。鼓阁内放置楼鼓，底层青石板铺墁，中央置一火塘，东西对开两扇双开大门，周围满装木板。东门上悬有"南极生辉"匾额一块，两侧对联是："楼对青山叠叠翠，阁纳绿水节节兴。"西门匾额为"侗乡生辉"，对联是："巍峨锦楼客俊杰，壮丽画阁启文人。"楼外西面有 20 级石阶通往风雨桥。鼓楼建成后，曾先后维修 6 次，最后一次是 1982 年拨款维修，1985 年 11 月被列为贵州省省级文物保护单位。1988 年 10 月 29 日毁于寨火。

（2）高增鼓楼。高增鼓楼是侗族地区最高大的鼓楼之一，始建于明代，现在见到的是 1983 年修复重建的。无论在建筑结构还是在装饰方面，都堪称侗族建筑艺术的珍品。2009 年 10 月 7 日，高增上寨再次发生火灾事故，30 余栋民房被烧毁。消防救援人员和村民奋力扑救，才使得村寨的鼓楼幸免于难。

（3）小黄鼓楼。小黄鼓楼位于从江县高增乡小黄侗寨，这里被誉为侗族大歌文化累积最厚重的"侗族大歌之乡"。小黄侗寨原有 3 座鼓楼，1980 年均被火烧毁，1984 年群众集资重建了新鼓楼。1999 年 2 月 27 日，小黄侗寨村民用火不慎引发特大火灾，造型精美秀丽的鼓楼和 172 栋民居毁于一旦。2009 年 4 月 8 日，小黄侗寨再次发生火灾，10 多栋民居被烧毁。

2. 洪水灾害

洪水灾害也是黔东南侗族建筑的大敌。地坪风雨桥坐落于黎平县境南部地坪侗寨，清光绪九年（1883 年）始建，距县城 109 公里。地坪分为上寨、下寨和甘龙三个自然寨，南江河蜿蜒穿过其间，注入都柳江。风雨桥立于三寨之间，横跨南江河。2004 年 7 月 20 日桥被洪水冲坏。国家文物局为恢复地坪风雨桥原貌，投资 180 万元聘请侗族民间高级木匠重建，2007 年 4 月，恢复原样。

增冲风雨桥位于从江县往洞镇从江寨，距县城 81 公里，与增冲鼓楼同建于康熙十一年（1672 年）。石墩木结构重檐宝顶式风雨桥，16 排 15 间，长 48 米，宽 3.2 米，高 3.6 米。桥面距水面 5.6米，桥屋中间抬升为重檐四角攒尖顶，两端一间亦抬升为重檐。原建的风雨桥已毁于洪水，仅剩下石狮 1 对，石鸡 1 对，土地庙 1 座，现存桥梁系清光绪十年（1884 年）所建。

3. 地震灾害

从江、榕江、黎平侗族区域主要位于"铜仁—榕江区"地震带。此地震区域约占贵州省总面积的 20%，贵州有记录以来 5%左右的地震发生在这个区域。由此可见，侗族区域发生过地震灾害，但对侗族建筑没有造成毁灭性的影响。

根据笔者的调研，2008 年四川汶川地震发生时，黔东南侗族地区有震感，但是并没有造成房屋损坏和人员伤亡，这也得益于侗族建筑的榫卯结构。榫卯结构是中国古代建筑中比较独特的创造发明。在侗族建筑中看不到一颗钉子的存在，皆为柱、梁、枋、瓜等进行组合，这种结构刚柔相济，榫和卯严密合缝，榫卯结构的连接方式，使侗族建筑的木结构成为一种超越现代建筑框架或钢框架结构的特殊柔性结构。榫卯结构可以承受较大的负荷，并且允许产生一定的变形，在地震发生时，可以弱化巨大的冲击，所以地震对侗族建筑破坏较小。我国许多著名的榫卯结构建筑经历过地震得以保全，充分显示了榫卯结构的优越抗震性能。如山西应县佛宫寺木塔始建于辽代清宁二年（1056 年），经历过多次地震，仍保存完好；天津市蓟州区独乐寺观音阁始建于隋代，辽代统和二年（984 年）重建，经历唐山大地震的冲击也安然无恙。

6.1.2　人的需求与建筑营造之间的矛盾

随着城镇化的进程加快，大批的侗族青年走出村寨去大城市务工，由于受到了都市文化的浸染，这些年轻人对城市中的钢筋混凝土房子更加向往。当前侗族村寨就出现这样的局面：大批的外出打工者回家乡建房，这些年轻人纷纷把老房子推倒，然后在原来的地基上建新的砖房。现在走进黔东南侗族村寨，民居的建筑风格，已经看不出侗族特色。黔东南侗族地区很多村寨木房子都被拆除，正在施工的工地热火朝天，犹如一个钢筋水泥的大工地。新的建筑材料涌入侗族村寨，远远望去如今的侗族村寨跟汉族的农村没有明显的区别。黔东南侗族地区的龙图、独洞、桃香等村寨几乎没有干阑式民居，寨子里侗族传统建筑只剩下一栋鼓楼。从社会发展的角度来看，砖混结构民居在侗族地区出现并非偶然。随着时代的发展和进步，侗寨人的审美方式发生了变化，生产生活方式发生了变化，对于建筑空间的需求也发生了变化，从而导致建筑形态发生改变。发生这些变化有以下几个原因：首先，随着我国社会经济发展，侗族地区受外来文化的影响逐渐增强，侗族人民在建筑审美和居住习惯上发生了变化。其次，防火意识的增强。传统的干阑民居建筑全是木结构，并且侗族有把火塘设在二楼的习惯，过去侗族村寨火灾频频发生，十分不利于防火。砖混结构的建筑在一定程度上削弱了这一不利因素。最后，新材料的出现对于侗族建筑形态的变化具有比较大的影响，再加上木材价格的上涨和政府对于林木砍伐的控制也促进了砖混结构建筑的增多。

　　总的趋势是砖木、砖混结构的建筑取代干阑式木结构的建筑，尤其在人口密集度比较高的集镇中心和商业区两侧几乎全部是砖混结构的建筑，与汉族地区的集镇几乎没有区别。现代化是社会发展的必然趋势，黔东南侗族地区也逃脱不了时代的浪潮。随着现代化进程的不断加快，文化变迁的速度也在加快，这也是文化发展的必然趋势。在这样的文化背景下，侗族先民世世代代居住的干阑式居所，发生衍化、变迁是不可阻挡的。建筑作为侗族文化的一种表现形式，从来不是孤立存在的，它总要与周围的环境和其他文化发生关系、进行碰触，如果建筑形态发生改变，就会导致文化结构发生变化。中国当代著名作家、画家、文化学者冯骥才认为"少数民族是生活在自己的文化里，一旦他们的文化没了，他们的民族就没有了"，所以保护民族文化非常重要。从黎平县水口镇胜利侗寨 2015 年和 2019 年的对比图（图 6-1），可以看出仅 4 年时间村寨的面貌已经发生了翻天覆地的变化。

　　随着人民群众的生活水平不断提高，居住条件不断改善，农村住房有较大变化，侗族地区出现了新型民族风格建筑。一些村寨修建了 2 ~ 3 层的砖混结构住房，有的建成一层为砖混结构，二层和三层为木质结构的住房。随着旅游业的发展，农村出现了众多的农家乐。这些新型民居建筑既有浓郁民族风格，又有现代气息。

　　新型民居建筑大多仍采用全木质结构，保留吊脚楼的风格，层层挑梁下的吊柱，雕刻着珍禽异兽。楼房加高为 3 ~ 4 层，楼层空间加高，由原来的 2.5 米左右加至 2.8 米或 3 米。窗户加大，并饰以窗棂。把火塘移到一层，修建室内卫生间。悬山式屋顶下

图 6-1　胜利侗寨 2015 年和 2019 年对比图
来源：作者摄

加一层檐，瓦檐微翘，瓦脚用石灰塑为腰子形，檐下绘飞禽走兽、
花草、故事人物。这些新型民族风格建筑成为农村一道亮丽的风
景线（图 6-2）。

图 6-2　侗寨新型民居
来源：作者摄

目前侗族村寨的建筑没有统一规划，杂乱无章，缺乏系统性和指导性，这是侗族村寨的现状。怎样才能在建筑规划上加强引导，既能满足当前人们的生活需求，又能实现可持续发展，十分关键，这对自然生态保护、传统文化继承有重要的作用。当前亟须针对侗族乡土建筑的保护进行科学分析，基于文化继承的理念，探索侗族建筑的可持续发展路径，并针对性地基于地理环境特点设计乡土建筑的文化艺术延伸路径（图 6-3）。

图 6-3　胜利侗寨鸟瞰图
来源：作者摄

6.1.3　建筑技艺传承的危机

目前笔者考察的情况是，侗族建筑的营造技艺出现断层，民间掌墨师严重老龄化，掌墨师大多 50 岁以上，最大的有 80 多岁。随着城镇化进程的加速，年轻人更愿意去大城市"讨生活"，不愿意再学习这种古老的侗族建筑技艺。这种口传身教的传统技艺面临着失传的风险。如果再不思考如何传承和保护，这一宝贵的建筑技艺、侗族智慧的结晶可能会完全失传。保护侗族建筑文化，传承侗族建筑营造技艺，已经迫在眉睫，刻不容缓。

6.1.4　过度的旅游开发对侗族传统文化的挤压

在侗族建筑保护中存在着一定的误区，一些地方政府谈到对侗族建筑聚落的保护时，首先强调的就是它的经济价值，而忽视了对于侗族整个文化空间的保护。旅游业以及民族文化产业以一种"粗暴的"方式占据侗族村落，我们走到现在已经被旅游开发的传统村寨会发现一个这样的问题：侗族的文化如祭萨岁、侗戏、赛芦笙等是被割裂开的。在一些景区侗族的大歌、舞蹈、芦笙都被当作一种舞台演出的形式，表演者都是一些专业演员，与侗族的本源文化相差甚远。一些侗族的文化和审美被分解和重组，早已经失去了原来的味道。在侗族景区有这样一个现象，侗族文化被旅游公司简化和包装之后，大部分村寨村民把自己的房屋租出去，自己搬离村寨，只剩下鼓楼、大歌和表演，在这种旅游业的冲击下，侗族文化被一点点地削弱。我们所听到的侗族大歌不再是从田野里和山谷中长出的"灵魂的歌唱"，而是受过一些程序化训练的演习和汇报。我们所看到的鼓楼由于没有侗族文化空间的支撑，显得特别安静，曾经在侗族鼓楼里休憩、畅谈的寨老们已经不见身影，可以看到的场景是导游带着一批批的游客对鼓楼进行解读。这种脱离了原有社会文化的侗族景区聚落，已经丧失了生活功能，变成了一个静止的、凝固的侗族文化展示视窗。

6.2 侗族建筑保护现状分析

6.2.1 文物保护模式

1982 年 2 月，贵州省人民政府公布贵州省省级文物保护单位。2004 年，贵州省人民政府颁布修订的《贵州省文物保护管理办法》，2005 年颁布《贵州省文物保护条例》，对于省级文物保护单位进行立法保护。

1. 增冲鼓楼

增冲鼓楼是全国重点文物保护单位，鼓楼内悬挂有楹联 4 副、诗作 2 首。1985 年 11 月，被列为贵州省省级文物保护单位。1988 年 1 月，被列为全国重点文物保护单位。

2. 高仟鼓楼

高仟鼓楼是全国重点文物保护单位，位于从江县下江镇高仟村宰养寨，距县城 59 公里，建于清雍正年间（1723—1735 年）。鼓楼为全木质结构，6 根主承柱穿斗，直至第十三层，外立檐柱 12 根，呈放射形。从底层往上，利用瓜柱逐层收刹，十三层顶端覆盖两层六角翘檐楼冠，为人字形斗栱结构，用 5 个陶瓷宝葫芦串联在一起，立在楼冠顶端，立面为 15 层，高 26.6 米，平面为正六边形，占地 88 平方米。内外柱础为柱形石墩垫脚，石墩高 30 厘米，直径 50 厘米，雕刻有花、鸟、虫、兽等图案。底层平面为正六边形，边长 4.2 米。地面石板铺墁、中有火塘，直径 2.1 米。四周设有杉木凳，外侧半装木板壁，设一门进出，门上方彩塑"二龙戏珠"。各层檐板彩绘斗牛、踩歌堂、对歌等风情画和自然风光。角、檐、脊塑有鸟、兽、鱼等。鼓楼安置木鼓一个，长 1.7 米，鼓面直径 0.28 米，两面绷有皮革，一为牛皮，一为马皮；二层密檐间还置一木鼓。高仟鼓楼建成后，在清嘉庆和光绪年间分别维修过 1 次和 2 次，1983 年贵州省、从江县又分别拨款进行修葺。1985 年 11 月，被列为贵州省省级文物保护单位，2013 年被列为全国重点文物保护单位。

3. 宰俄鼓楼

宰俄鼓楼是全国重点文物保护单位，位于从江县下江镇高仟村宰俄寨，距宰养寨 500 米，相传建于清雍正年间，1986 年修复。鼓楼平面为正八边形，为典型的"中心柱型"密檐楼阁式木结构侗族鼓楼。立面为 13 层密檐，双楼冠，设落地柱 16 根，其中主承柱 8 根，檐柱 8 根。其造型优美，比例均衡，是侗族鼓楼建筑中的精品，2013 年被列为全国重点文物保护单位。

4. 信地鼓楼

省级重点文物保护单位。位于黔东南州从江县往洞镇信地村宰友寨边，始建于清乾隆二十五年（1760 年），后毁于寨火，清末重建。信地鼓楼十三层重檐，形如宝塔，六角攒尖顶建筑。曾先后维修 6 次，1985 年 11 月被列为贵州省重点文物保护单位，1988 年 10 月 29 日毁于寨火。

从江县现存鼓楼中除增冲、高仟、宰俄、信地四座分别被列为国家级重点文物保护单位和贵州省省级文物保护单位外，还有则里、往洞、荣福、金勾、增盈、朝利、银潭上寨、宰门、大桥、登邑、新黔、高增坝寨、建华、腊水、转珠下寨、寨井、小翁陡寨、秧里、平乐、佰你、腊全、银潭下寨、谷洞、高传等 26 座鼓楼被列为县级文物保护单位。

5. 高近古戏台

高近村的侗族古戏楼始建于清代乾隆年间，距今已有 200 多年的历史，戏台为四边形，类似于南方的四合院，长为 12 米，2 层，高 6 米，全木质结构，至今保存完整。古戏台包括三部分：主戏台、厢房和看戏场。厢房布置在主戏台左右两侧。主戏台正下方场地全部用鹅卵石镶成各种图案，建筑侗族风情浓郁。古戏台 2006 年 6 月被列为贵州省省级文物保护单位。

6.2.2　传统村落保护模式

1. 法律法规保护模式

2017 年 8 月 3 日贵州省第十二届人民代表大会常务委员会第二十次会议通过《贵州省传统村落保护和发展条例》。条例规定具备下列条件的村落，可以申报贵州传统村落：

（1）村落主体形成较早；

（2）传统建筑风貌完整；

（3）整体格局保存良好，保持传统特色；

（4）非物质文化遗产活态传承。

条例第四十七条规定，违反本条例第二十四条第一款规定的，由县级人民政府住房和城乡建设行政主管部门责令停止违法行为、恢复原状；造成严重后果的，对单位处以 5 万元以上 10 万元以下罚款，对个人处以 2000 元以上 2 万元以下罚款；造成损失的，依法承担赔偿责任。

条例第四十八条规定，违反本条例第二十九条第二款规定的，由县级人民政府有关行政主管部门责令停止违法行为、恢复原状；造成严重后果的，对单位处以 20 万元以上 50 万元以下罚款，对个人处以 1 万元以上 5 万元以下罚款。

2. 民族文化重点村寨保护模式

黔东南苗族侗族自治州实施了以"4 个 100"（保护 100 个典型民族建筑、保护 100 个民族村寨、培养 100 个民族文化传承人、选拔 100 个民族文化拔尖人才）为重点的民族文化保护工程，在省内率先开展地方立法保护民族文化，积极依托独具魅力的原生态民族文化，办好原生态文化艺术节，大幅度地提高了黔东南州在国内外的知名度和美誉度。

以黎平县为例，该县堂安村和肇兴村已被列为贵州省首批 10 个民族文化重点保护村寨。肇兴、堂安、地坪、纪堂、高近、地扪、黄岗、银朝等 11 个村寨已经列为黔东南苗族侗族自治州民族文化重点保护村寨。与此同时，黎平县人民代表大会已经通过决议，公布县内 80 个民族村寨为县级重点保护村寨。肇兴侗族文化保护区已经成为国家首批 10 个民族民间文化保护工程试点项目并得到了有效的保护。肇兴乡、茅贡乡、岩润镇、尚重镇、洪州镇、龙额乡、双江乡已先后由贵州省文化和旅游厅命名为"贵州省民间文化艺术之乡"。

2008 年，国务院将六洞、九洞侗族村寨列入《中国世界文化遗产预备名单》。六洞、九洞侗族村寨，位于黔东南苗族侗族自治州黎平县、从江县毗邻地区。贵州省住房和城乡建设厅统计，六洞、九洞地区有侗族村寨 60 余个，村寨依山傍水，原始古朴，绚丽多彩，鼓楼和花桥是侗寨的标志。现存始建于清代以前的鼓楼82 座、风雨桥 58 座。六洞、九洞侗族村寨极具侗族村寨的典型性和代表性，其独特的少数民族传统木结构建筑形式，具有极高的科学、美学和民俗价值，被誉为"世界建筑艺术的瑰宝"。

6.2.3　文化生态博物馆保护模式

国际博物馆协会（ICOM）对"生态博物馆"的定义为：生态博物馆是建立在侗族村寨的一个文化机构。它以永久的方式，在特定的一块土地上，在人的参与下，保证研究、保护和展示的功能，强调自然和文化的整体选择，展示其代表性区域和传承的生活方式。其特点概括如下：一是全面保护自然环境、人文环境、有形遗产和非物质遗产；二是注重就地保护建筑文化的原真性，建议号召当地居民自己保护；三是在现代社会文化、环境的和谐与发展中保护。笔者实地田野调研发现，目前黔东南侗族地区文化生态博物馆主要有：堂安侗族生态博物馆、地扪侗族人文生态博物馆。

2000 年 9 月 5 日，中挪奥斯陆协议正式确定建立堂安侗族生态博物馆，纳入中挪文化合作项目——贵州生态博物馆群。2004年，在堂安建立侗族生态博物馆资料信息中心，对民族传统文化的本质特征及发展过程进行记忆保护，使独特的侗族建筑营造技艺文化遗产的传承人模式和侗族建筑遗产在动态的社会发展中得以传承、延续和发展。

地扪侗族人文生态博物馆于 2005 年 1 月建立。一条溪流从地扣寨中穿过，所以鼓楼和风雨桥很有特色。主办者介绍，地扪侗族人文生态博物馆是一个特定的侗族村落文化生态保护区，覆盖15 个村、46 个自然村寨，地理面积 172 平方公里，由民间发起创建，属于社区居民共同拥有，是中国第一座民办生态博物馆。截至 2010 年 12 月，地扪侗族人文生态博物馆已经与多家国内外高校和研究机构建立了合作关系，对当地社区自然和人文生态资源进行调查、记录和研究。同时，与地方政府合作促进实现"乡村文化和生态保护"及"百首侗歌侗戏传承计划"，在当地定期开展生态环境保护教育和当地文化遗产传承活动。

6.2.4　非遗传承人保护模式

非物质文化遗产（Intangible Cultural Heritage，又译为无形文化遗产），也可简称为非物质遗产（Intangible Heritage，又译为无形遗产）。根据 2003 年联合国教科文组织《保护非物质文化遗产公约》（Convention for the Safeguarding of the Intangible Cultural Heritage）的定义，是指那些"被各群体、团体、有时为个人视为其文化遗产的各种实践、表演、表现形式、知识和技能及其有关的工具、实物、工艺品和文化场所。这种非物质文化遗产世代相传，在各地区和群体适应周围以及与自然和历史的互动中，被不断地再创造，为这些地区和群体提供持续的认同感，从而增强对文化多样性和人类创造力的尊重"。按照其定义，非物质文化遗产包括了以下项目：口头传统和表现形式，包括作为非物质文化遗产媒介的语言、表演艺术，社会实践、仪式、节庆活动，有关自然界和宇宙的知识和实践，传统手工艺等。可见，非物质文化遗产是各族人民在历史上创造的、世代传承的各种传统文化表现形式，与其持有者的生产、生活密切相关，是各族群众对自然、社会及其自我认知的体现，反映了他们的生活状态、世界观和价值观。非物质文化遗产是具有民族记忆的代表性的民间文化遗产，是民族文化的活化石。由贵州省黎平县文化馆申报的"侗族木构建筑营造技艺"，2008 年被列入第二批国家级非物质文化遗产代表性项目名录。国家级和省级侗族木构建筑营造技艺非物质文化遗产传承人各 1 人：杨光锦，贵州省从江县高增乡人，侗族，男，出生于 1943 年 6 月，国家级非物质文化遗产传承人；陆文礼，贵州省黔东南苗族侗族自治州黎平县肇兴乡人，侗族，男，出生于 1940 年 3 月，贵州省第二批非物质文化遗产项目代表性传承人。

6.2.5　黔东南传统村落数字博物馆

2015 年首届中国传统村落黔东南峰会，以"创新、协调、绿色、开放、共享"的新发展理念为引领，积极实施乡村振兴战略，探索传统村落活态传承新模式，结合资料成果，充分运用网络、信息、新媒体等数字化手段，开发传统村落数字博物馆。峰会以村落概况、传统建筑、民族文化、村志族谱、非物质文化遗产等为引导，通过虚拟技术、视频、音讯、图文资料，建设启用集权威性、知识性、趣味性、实用性于一体，打造"美丽中国乡土文化"数字化载体，开启"乡愁"学术交流，提供互动体验社区与旅游信息服务，抢救、修复古村落与传承历史文化。这次峰会为黔东南传统村落保护搭建了一个百科式、全景式在线视窗。传统村落数字博物馆展示了传统村落远古灿烂的农耕文化，促使社会各界对黔东南地区传统村落的保护贡献各自的力量，为世界了解黔东南乃至贵州搭建了新的文明视窗。前几届中国传统村落峰会的成功举办，展示了黔东南民族文化的新魅力，树立了黔东南自然生态的新形象，开启了黔东南传统村落保护传承和发展的新篇章。党的二十大报告提出要"传承中华优秀传统文化""推进文化自信自强，铸就社会主义文化新辉煌"。峰会以实际行动，深度探索新时代传统村落保护传承和可持续发展道路，用好用活民族文化和生态环境"两个宝贝"。客观实现百姓富裕与生态美的有机统一，借助峰会积极以数字博物馆为核心，打造集传统村落文化传递、学术交流、村落旅游、村落交流、乡村振兴为一体的村落信息服务平台"寨游网"，建设开发村落旅游、村落商城，实现信息资料商业化应用，开设乡村振兴板块、互联网爱心公益应用，实现信息资料政用、民用双赢发展。黔东南传统村落的信息化应用，开启了传统村落保护与合理利用的新篇章，形成了传统村落保护、传承和发展的黔东南模式，创新发展让守望乡愁不留遗憾。

6.3　保护建议

6.3.1　侗族文化整体发展保护利用

综合保护原则。侗族建筑艺术是侗族文化的标志，但是其保护和发展，必须与侗族文化的整体发展紧密结合，只有将侗族建筑艺术放置在整个侗族文化的大背景下，才能更好地认识和理解它的文化内涵，使侗族建筑艺术在整个侗族文化中获得全方位的发展。

在制度文化方面，侗族制度文化具有一定的特点，"款"组织文化的优越性还在于它不仅是血缘性的组织和制度，而且是地缘性的组织和制度，但它又不等于政权，表现出的社会维系功能是自发的，它的管理模式类似于当代的社区管理。侗款的现代价值开发应与社区管理结合起来发挥职能。社区管理是现代人类学、社会学应用研究的一个重要范畴，对于侗族制度文化在当代的开发、运用是十分有价值的。在艺术文化方面，侗族大歌、侗戏侗舞、侗锦侗绣、侗族织造技艺等艺术文化丰富多彩，是人类文化的精华之一。侗族的这些文化艺术作品是否能够久远流传，关键是能否使这些侗族文化艺术经典化，形成现代文化市场品牌，产生新的生命活力，以现代艺术品牌的形式传承与保留下来。

6.3.2　政府和群众共同参与保护

上文已经提到乡村振兴、文化保护二者必须平衡，才能达到可持续发展效果，文化保护作为上层建筑，只能以脱贫致富为经济基础。说到底，二者的平衡就是经济基础与上层建筑的平衡，就是物质文明和精神文明的平衡。笔者认为这两者的平衡，仅靠政府或者群众都无法达到目标。政府规划、立法的举措得不到正确的实施，只能停留在纸上。故此，必须全体参与才能真正保护侗族建筑文化。各级政府，特别是乡镇级政府及村委会自治机构必须抓好以下举措。

1. 利用法律多元化保护建筑文化

贵州省各级政府针对侗族建筑文化已经制定出台多项法规和政府规章。作为保护传统文化的有效手段，要做到全面、细化，所以在法律法规方面必须形成系统的、专门的古建筑文化保护机制。抓好政府立法的同时，还要利用侗族地区习惯法的约束，特别是当地习惯法对群众影响更大、效果也更明显。法律多元化利用的同时，要抓好普法工作，当地乡镇一级政府及村委会是普法的主体，他们与当地群众交往紧密、沟通方便，做普法工作有明显的效果。

2. 对建筑文化保护进行整体规范

黔东南地区侗族建筑分布具有原真性、整体性的特点。如果仅从单一的保护角度去考虑规划的问题，会令这些建筑文化失去价值，对传统建筑的保护必须纳入政府的整体规划中，从文化保护、经济发展、生态文化保护、社会发展等多方面进行规划。仅对某个村寨进行规划是不可取的。在实施古建筑保护的过程中，发展每个村寨或者某个地区的特色，还要顾及各个村寨或者地区的密切联系。要注意其特色的保护，同时也要增强村寨与村寨之间的联系，这些联系包括交通方面的联系、统筹规范的联系、共同发展的联系等多个方面。如游客为了旅游方便，会参观多个侗族传统村寨，增加了自身的游玩体验，还会吸引更多的游客，进而增加村民收入。

3. 提高群众保护侗族建筑的文化意识

群众是文化保护最直接的主体、参与者，群众参与文化保护是最有效的方式之一。侗族建筑是个人所有或者集体所有，对建筑所有权的保护极为重要，如果所有者随意处理了自己的所有权，则失去了保护的作用。侗寨居民对建筑文化的保护意识也非常重要。上文提到普法的效果，其实更重要的是要提高群众的思想认识，提高当地村民的保护意识。这需要政府、村寨自治组织的引导，有效地宣传侗族传统建筑所包含的文化价值和人文精神。

政府必须在保护传统侗族建筑文化中发挥领导作用，进行总体规划，整合资源，积极调动社会各方面的积极性，加强对侗族建筑的保护和监管。只有政府进行有效宣传和监管并且积极引导群众参与保护，侗族建筑保护才会有更好的效果。

6.3.3　可持续发展的黔东南侗族生态旅游模式

"可持续"一词最初是在生态学中产生的。可持续要求对自然使用不能过度，例如在森林使用方面，可持续要求森林减少的速度不能超过森林的自然生长。"可持续"一词如今以"可持续发展"这一词组的形式出现。可持续发展观一方面要求人与自然和谐相处；另一方面要求在保障现在人的需求的同时，还要为后代需求提供保障。如果仅仅满足现在人的需求，可持续发展则变得毫无价值。1992 年 6 月，联合国在巴西里约热内卢召开世界环境与发展会议，这次会议的主题就是可持续发展。会议上对可持续发展理念作出了具体分析，布伦特兰指出可持续发展的核心理念是健康的经济发展应以生态可持续性、社会正义和人民积极参与自己的发展决策为基础。

目前的可持续发展观已经应用于多个行业，除了自然环境方面，还涉及社会、经济、政治、文化等多个方面，学者对其研究从不同的角度可以得出不同的概念。无论从哪个方面去研究，总的原则就是既能满足现在人的生活需求，又对后代的发展不造成影响。笔者探究黔东南侗族生态旅游模式，是从自然环境方面探讨，通过发展生态旅游，对自然造成最小的危害，保障经济和自然的和谐发展。1995 年 9 月 11—12 日，伦敦南岸大学举办了"城市生态旅游"主题国际会议，重点关注城市旅游发展的成果、城市旅游的目标以及建筑师在城市旅游中的作用，城市生态旅游的形式，城市旅游与文化的结合，城市更新和城市形象的展开。这次国际会议的成功召开，成为生态旅游研究的标志性开端。

随着生态城市概念的普及，受国内外市场需求的驱动，我国逐步推行旅游扶贫的政策。鉴于我国自然条件和民俗风情与生俱来的特殊性，虽然我国的生态旅游启动相对较晚，但不影响其发展的速度。现在生态旅游已经成为一个新时尚，并且在人民的生活中起到主导作用。城市外围的一些郊区，逐渐成为乡村旅游的休闲区。农村旅游业在某些地区已被视为特色产业，这样的快速发展不仅给旅游业带来了新的生命力，而且对促进农业结构调整发挥了重要作用，有利于农村的可持续发展。

贵州是中国最大的喀斯特地貌地区，喀斯特地貌面积约占全省总面积的 62%。贵州有着"高原上的绿色喀斯特王国"的美称，有着奇形怪状的山、美丽的湖泊、峡谷、森林、温泉等自然资源。黔东南侗族地区神秘的民族文化和风俗依然存在，有着古老的传统、多元的原始文化和多民族的生产生活方式，有丰富的生态文化遗产。美丽的村落环境、热情好客的侗族人民、传统的干阑式建筑等，这些特有的标签能够满足游客对原始和未开垦的传统聚落生活的好奇。在黔东南侗族地区进行文化资源保护的前提条件是开展可持续发展的生态旅游。

　　黔东南侗族生态旅游资源的标签是显而易见的，能够实现乡村旅游可持续发展并且保持其生态旅游资源的优势。2006 年，贵州编制了《贵州省乡村旅游发展规划》，将"消除贫困、保护遗产、促进发展"的理念贯穿于生态旅游中，成为全国第一部省级乡村旅游规划。笔者认为，可持续发展必须唤醒生态旅游的场所感，以老百姓为主导保护侗族传统文化和生活习俗，避免旅游过度开发；恢复并建立独特的生态系统。由于环境资源的不断开发，自然环境中 ，如树木、自然居留地和纯净水源，已经遭到不同程度的破坏，应在发展生态旅游的基础上提前谋划生态环境保护，恢复破坏的、即将消失的自然资源；政府部门的工作人员在做群众工作的过程中，也应加强民众对于传统村落保护的思想意识，做到"不忘传统、守住最后的乡愁"；做好传统村落的垃圾回收、分类工作，为开展生态旅游奠定良好的基础。

　　生态旅游是可持续发展的具体表现，应当遵循生态和经济的协调发展。具体来说，既要发展旅游业又要实现经济效益，首先要得到群众的支持。我们应该在注重经济效益的基础上避免环境遭到破坏，追求环境的可持续性发展。抓生态、抓经济需要两手抓，如果一味追求经济效益，不考虑生态环境，那么经济效益就会是短暂的，不可取的。经济效益一旦离开生态环境的发展是脆弱的，经济利益必须建立在生态平衡的基础上。

　　黔东南侗族村落发展生态旅游具备自身的优势和先天条件。如何发展生态旅游还要考虑具体的操作方式，着重考虑生态和经济的和谐发展。生态旅游的发展相比较传统旅游有所不同。例如生态旅游对基础建设、交通条件、环境卫生方面具有极高的要求和标准，特别是对生态环境的要求。发展生态旅游要在可持续发展理论的指导下考虑发展的宽度和深度，也就说发展生态旅游要处理好横向和纵向的关系。黔东南侗族地区应当将生态旅游的可持续发展作为发展目标，以达到带动经济发展的目的，寻求可持续发展方向与发展方法，实现经济发展和生态保护的完美结合，才能带来长久的经济效益，并且实现生态旅游可持续性发展目标。

结　语

　　本书采用图像学的研究方法，探索黔东南侗族特色建筑，这些建筑不但满足侗族人日常的生活功能和精神追求，还具有建筑艺术视觉形态的社会化意义。笔者在建筑学和艺术人类学研究方法的基础之上，以图像学的研究方法对黔东南侗族建筑的空间、功能、形式进行分析，进一步深入研究黔东南侗族建筑装饰图像的象征意义。

　　黔东南侗族宗族观念和稻作方式对聚落的形成、建筑形态具有根本影响。侗族的聚落空间是以血亲为纽带关系的侗族人聚集、生活和生产的空间，呈现的是在历史发展过程中逐渐形成的社会组织结构。一个自然村寨一般是由一个宗族或若干个宗族聚居而形成的，一个村寨基本上是一个姓氏。侗族这种聚族而居的居住模式是侗族建筑聚落的重要形式。这种流行于黔东南侗族地区的村寨空间，符合侗族人的生活居住习惯，适应侗族集聚区特殊的地理环境和文化结构模式，是长期的生活习俗和文化趣味所形成的结果。

　　侗族人特有的水稻种植、晾晒、存储方式形成侗族特有的稻作文化，建筑的空间形态和聚落分布是建立在满足功能性追求的基础之上的。因此，侗族传统的稻作方式对于建筑聚落的形成、建筑空间形态的产生都具有关键性的影响。

　　黔东南侗族建筑艺术的装饰图像架构了一幅完美的隐喻图式——侗族的精神世界和灵魂寄托。信奉风水、多神崇拜、万物有灵等精神信仰共同铸就了侗族人的精神文化世界，这是侗族人对于恶劣自然环境的一种反应和寄托。侗族人把聚落选址、建房子、耕种、求子等都寄希望于风水，风水观念对于侗族聚落的形成和侗族建筑的空间构成影响很大，对于侗族村寨功能性空间和精神空间的构成具有指导性的作用。

随着时代的发展和进步，侗族的年轻人从大山里走向城市。随着人观念的转变，建筑的审美发生转变，导致建筑的形态和材质发生巨大的变化。如今的侗寨钢筋混凝土的砖房一座座拔地而起，濒危的侗族传统建筑正在逐渐消亡。与此同时，侗族建筑技艺的传承出现老龄化和断代的现象，这些都是亟待解决的问题。针对侗族建筑聚落的保护进行科学分析，基于文化继承的理念探索侗族建筑保护的可持续性发展路径，并针对性地基于地理环境特点对侗族建筑的文化艺术传承设计新的方法和思路迫在眉睫。

参考文献

[1] 《侗族通史》编委会. 侗族通史 [M]. 贵阳：贵州民族出版社，2013.

[2] 方李莉，李修建. 艺术人类学 [M]. 北京：生活·读书·新知三联书店，2013.

[3] 方国瑜. 中国西南历史地理考释 [M]. 北京：中华书局，1987.

[4] 冯祖贻，朱俊明，李双璧，等. 侗族文化研究 [M]. 贵阳：贵州人民出版社，1999.

[5] 冯骥才. 传统村落的困境与出路：兼谈传统村落是另一类文化遗产 [J]. 民间文化论坛，2013（1）：7-12.

[6] 余学军. 侗族文化的标帜：鼓楼 [M]. 哈尔滨：黑龙江人民出版社，2012.

[7] 贵州省文化厅. 图像人类学视野中的贵州侗族鼓楼 [M]. 贵阳：贵州人民出版社，2002.

[8] 贵州省民委文教处. 侗族历史文化习俗 [M]. 贵阳：贵州人民出版社，1989.

[9] 贵州省民族事务编委会. 侗族文化大观 [M]. 贵阳：贵州民族出版社，2016.

[10] 贵州省民族事务委员会，贵州省民族研究所. 贵州六山六水·民族调查资料选编 [M]. 贵阳：贵州民族出版社，2008.

[11] 贵州省建设厅. 贵州乡土建筑 [M]. 贵阳：贵州人民出版社，2006.

[12] 费孝通. 乡土中国 [M]. 北京：人民出版社，2008.

[13] 高长江. 艺术人类学 [M]. 北京：中国社会科学出版社，2010.

[14] 曹意强，麦克尔·波德罗，等. 艺术史的视野：图像研究的理论方法与意义 [M]. 杭州：中国美术学院出版社，2015.

[15] 黄才贵. 日本学者对贵州侗族干栏民居的调查与研究 [J]. 贵州民族研究，1991（2）：23-30.

[16] 龚敏. 贵州侗族建筑艺术初探 [J]. 贵州民族学院学报（哲学社会科学版），2012（1）：144-147.

[17] 程建军. 营造意匠 [M]. 广州：华南理工大学出版社，2014.

[18] 蒋炳钊，吴绵吉，辛土成. 百越民族文化 [M]. 上海：学林出版社，1988.

[19] 李昆声. 云南在亚洲栽培稻起源研究中的地位 [J]. 云南社会科学，1981（1）：69-73.

[20] 李梦依. 侗族鼓楼：杉树建筑艺术 [J]. 现代装饰（理论），2013（11）：103.

[21] 梁思成. 中国建筑艺术 [M]. 北京：北京出版社，2018.

[22] 楼庆西. 装饰之道 [M]. 北京：清华大学出版社，2011.

[23] 罗德启，金珏，谭鸿宾，等. 贵州侗族干阑建筑 [M]. 贵阳：贵州人民出版社，1994.

[24] 欧阳伟华. 侗族鼓楼建筑艺术的文化变迁及社会功能 [J]. 百色学院学报，2017（5）：65-69.

[25] 沈克宁. 建筑类型学与城市形态学 [M]. 北京：中国建筑工业出版社，2010.

[26] 石干成. 和谐的密码：侗族大歌的文化人类学诠释 [M]. 香港：华夏文化艺术出版社，2003.

[27] 石开忠. 侗族鼓楼 [M]. 香港：华夏文化艺术出版社，2001.

[28] 石开忠. 侗族鼓楼文化研究 [M]. 北京：民族出版社，2012.

[29] 粟周榕. 六洞九洞侗族村寨 [M]. 贵阳：贵州民族出版社，2011.

[30] 汤建容. 侗族建筑档案整理与研究 [J]. 城建档案，2014（5）：49-50.

[31] 王胜先. 侗族文化史料 [Z]. 凯里：黔东民委民族研究所，1986.

[32] 王旭. 贵州民俗文化旅游可持续发展研究 [J]. 贵州民族研究，2005（6）：83-87.

[33] 吴国清，高国相，胡月辉，等. 城市生态旅游产业发展创新 [M]. 上海：上海人民出版社，2016.

[34] 吴浩. 中国侗族村寨文化 [M]. 北京：民族出版社，2002.

[35] 吴庆洲.建筑哲理、意匠与文化 [M].北京：中国建筑工业出版社，2005.

[36] 吴嵘.从江县朝利村侗族传统稻耕技术调查 [M]// 贵州省民族事务委员会，贵州省民族研究所.贵州"六山六水"民族资料调查选编：侗族卷.贵阳：贵州民族出版社，2008：452–456.

[37] 吴善诚.侗族传统建筑艺术特色初探 [J].中南民族学院学报（哲学社会科学版），1989（2）：33–36.

[38] 吴翔雄.湖南侗族风情 [M].长沙：岳麓书社，2003.

[39] 午荣.鲁班经 [M].北京：华文出版社，2007.

[40] 薛林平.建筑遗产保护概论 [M].北京：中国建筑工业出版社，2013.

[41] 杨昌鸣，陈筱，乔迅翔，等.侗族木构建筑营造技艺 [M].合肥：安徽科学技术出版社，2019.

[42] 杨昌嗣，闻继霞.试论侗族建筑艺术美 [J].民族论坛，1989（2）：52–55.

[43] 杨国仁，吴定国.侗族祖先哪里来（侗族古歌）[M].贵阳：贵州人民出版社，1981.

[44] 余达忠.侗族民居 [M].香港：华夏文化艺术出版社，2001.

[45] 余达忠.返朴归真：侗族地扪"千三"节文化诠释 [M].北京：中国文联出版社，2002.

[46] 余未人.走近鼓楼：侗族南部社区文化口述史 [M].贵阳：贵州民族出版社，2001.

[47] 张贵元.侗族的建筑艺术 [J].贵州文史丛刊，1987（4）：148–150.

[48] 张民，普虹，卜谦.侗族古歌：下卷 [M].贵阳：贵州民族出版社，2012.

[49] 张宁，张吉慧.湖南通道侗族建筑艺术与特色 [J].文物建筑，2009（1）：2，90–193，215–216.

[50] 张泽忠，吴鹏毅，米舜.侗族古俗文化的生态存在论研究 [M].桂林：

广西师范大学出版社，2011.

[51] 赵巧艳. 中国侗族传统建筑研究综述 [J]. 贵州民族研究，2011（4）：101-109.

[52] 钟涛. 中国侗族 [M]. 贵阳：贵州民族出版社，2007.

[53] 周春媚. 侗族建筑艺术的审美意蕴诠释 [J]. 柳州师专学报，2013（5）：4-6.

[54] 周政旭. 形成与演变：从文本与空间中探索聚落营建史 [M]. 北京：中国建筑工业出版社，2017.

[55] 朱慧珍，张泽忠，等. 诗意的生存：侗族生态文化审美论纲 [M]. 北京：民族出版社，2005.

[56] 巴尔特. 符号学原理 [M]. 李幼蒸，译. 北京：中国人民大学出版社，2008.

[57] 涂尔干. 宗教生活的基本形式 [M]. 渠东，汲喆，译. 北京：商务印书馆，2011.

[58] 列维 - 布留尔. 原始思维 [M]. 丁由，译. 北京：商务印书馆，1981.

[59] 列维 - 斯特劳斯. 图腾制度 [M]. 梁敬东，译. 北京：商务印书馆，2017.

[60] 格罗塞. 艺术的起源 [M]. 蔡慕晖，译. 北京：商务印书馆，1984.

[61] 格尔茨. 文化的解释 [M]. 韩莉，译. 南京：译林出版社，2008.

[62] 哈登. 艺术的进化：图案的生命史解析 [M]. 阿嘎佐诗，译. 桂林：广西师范大学出版社，2010.

[63] 诺伯格 - 舒尔茨. 建筑：存在、语言和场所 [M]. 刘念雄，吴梦姗，译. 北京：中国建筑工业出版社，2013.

[64] 诺伯格 - 舒尔茨. 场所精神：迈向建筑现象学 [M]. 施植明，译. 武汉：华中科技大学出版社，2010.

[65] 贡布里希. 象征的图像：贡布里希图像学文集 [M]. 南宁：广西美术出版社，2015.

部分访谈记录

　　以侗族建筑设计、建造、历史、文化及侗族建筑艺术为访谈内容，以侗乡侗寨居民、侗族建筑掌墨师和建造者为访谈对象，采用半结构非标准化访谈方式。笔者在调研期间每天对侗寨的村民进行访谈，每次访谈的人士在 3 至 10 个人不等，访谈的方式有四种：①在鼓楼周围对休憩的老人进行访谈，了解村寨的历史、文化、节日、传说等；②在朋友的引荐下拜访一些侗族友人，在他们家做客，跟侗族人一起生活、吃饭、聊天、劳动等，了解他们的生活日常、风俗习惯、节日文化等；③对侗族村寨的掌墨师进行访谈，了解侗族建筑营造技艺的方式、方法、过程等；④对侗族建筑营造技艺非物质文化遗产传承人进行访谈，了解其侗族建筑营造思路、理念等。对这四种方式进行梳理和汇总，见附表 1。

访谈记录汇总

附表 1

序号	访谈时间	访谈地点	访谈对象
访谈 1	2018 年 11 月 20 日	黎平县腊洞镇地扪村委会	吴顺华（村支部书记）
访谈 2	2018 年 11 月 20 日	地扪侗寨	吴仕荣（掌墨师）
访谈 3	2019 年 11 月 19 日	增冲侗寨	当地居民
访谈 4	2019 年 11 月 20 日	大利侗寨	杨成方（寨老）
访谈 5	2019 年 11 月 20 日	大利侗寨	当地居民
访谈 6	2019 年 11 月 20 日	大利侗寨	杨胜和（掌墨师）
访谈 7	2019 年 11 月 21 日	从江县高增村	杨光锦（侗族营造技艺非物质文化遗产国家级传承人）

续表

序号	访谈时间	访谈地点	访谈对象
访谈 8	2019 年 11 月 21 日	从江县高增村	寨老
访谈 9	2019 年 11 月 21 日	高增坝寨鼓楼	坝寨村民
访谈 10	2019 年 11 月 22 日	黎平县城	当地居民
访谈 11	2019 年 11 月 23 日	归柳侗寨民居建造现场	建筑工匠
访谈 12	2019 年 11 月 23 日	占里侗寨	当地居民

访谈 1

访谈时间：2018 年 11 月 20 日

访谈地点：黎平县腊洞镇地扪村委会

访谈对象：吴顺华（村支部书记）

问：请问您能否给我讲一下地扪侗寨的历史？

答：地扪是根据侗语音译的村名，直译为泉水源源不断涌出的地方。地扪居民 90% 是吴姓，我们的祖先唐朝中叶为了躲避战乱，从江西省吉安府太和县珠子巷迁徙过来，途经今广西和贵州的天柱县远口镇、榕江县王岭村，在今母寨寨脚安居落寨，到现在有 1000 多年的历史。

问：请问地扪侗寨有几个房族，多少户，人口有多少？寨里的村民都姓什么？

答：地扪吴姓有五个大房族，大房族内部不能通婚，每个大家族大体上集中居住，每个居住地点各有一个寨名，形成了 5 个自然寨（维寨、母寨、芒寨、模寨、寅寨）。清朝后期从外地又搬来几个外姓（李、段、刘、徐）的人家到地扪居住。吴姓祖先定居地扪后，日出而作、日落而息，勤劳耕作、丰衣足食，后来慢慢繁衍，不久就发展到 1300 多户。人多了地少了，无法维持生计，我们的祖先就商量分 700 户到茅贡去居住，200 户到腊洞居住，100 户到罗大居住，300 户留在地扪居住。因此，地扪是千三侗寨的总根。地扪位于贵州省黎平县茅贡镇北部，距县城 48 公里，距镇政府所在地 5 公里，所辖面积 30 平方公里，耕地面积 1726 亩，现有 607 户，2892 人，全是侗族。

问：请问地扪侗寨有几座鼓楼？分别叫什么名字？

答：地扪侗寨民居错落有致，依山傍水，一条清澈见底的小河从寨中穿过，是长江水系清水江源头之一。寨内有 3 座鼓楼（母寨鼓楼、模寨鼓楼、寅寨鼓楼），是木构古建筑精华。母寨鼓楼始建于清朝年间，"文革"期间被毁，1995 年母寨群众集资重建，建成的鼓楼六角九层一宝顶，象征九九归一。2012 年被列为黔东南州州级文物保护单位。

访谈 2

访谈时间：2018 年 11 月 20 日

访谈地点：地扪侗寨

访谈对象：吴仕荣（掌墨师）

问：您好，听说您是这个寨子里最有名的大木匠，今天特地来拜访您，向您请教一些问题。请问您今年高寿？做建筑多少年了？

答：我今年刚好 80 岁了，十五六岁就跟着师傅学艺，在周边的侗寨到处建房子。

问：请问您建过哪些类型的侗族建筑？

答：民居、鼓楼、风雨桥、戏台我都建过。当时我年纪小，跟着师傅学艺，也可以说是打下手，我学会了很多建筑的建造方法。我学成时大概 40 岁，之后就带着自己的施工队单独盖房子了。

问：您的师傅教您建房子都是怎么教的？有图纸吗？

答：哪有什么图纸啊，我当年就是跟着师傅一起干活，跟着师傅去过好多地方建房子，黔东南的村寨我基本上都去过，我还去过广西、云南建房子。我跟着师傅那么多年，同吃同住，不知不觉地也就看会了。

问：建房子没有图纸，您怎么建？

答：我们侗族掌墨师建任何房子都没有图纸的，一般情况下主人家想建什么房子会先告诉我他们的要求。看完主人家的地基后，这个房子的模样就在我心里了。我建出来的房子会跟主人的想法一样。

问：您建鼓楼和风雨桥有图纸吗？您建的代表性的鼓楼和风雨桥在哪里？

答：没有图纸，我们寨子里的双凤桥和千三鼓楼是我建的，当时建的时候都没有图纸。这些建筑是大家集资建的，政府也帮了一部分，当时寨子的寨老让我建鼓楼，我就建了。千三鼓楼一共有 13 层。当时建好以后，全寨子的人都觉得漂亮，后来又让我建双凤桥。我们寨子里有座双龙桥，大家觉得既要有龙又要有凤，所以就取名双凤桥，龙凤呈祥嘛。

问：您现在还在做建筑吗？

答：我好多年没做了，我儿子不让我做啊，他说我老了，不能再做了。去年有人来找我，让我去广西建鼓楼，我在家里无事可做，我想去。可是，全家都反对，不让去，后来就没去成。

问：您把这门技艺传给您的孩子了吗？

答：我的儿子学会了，我的孙子也学会了，但是做这个建筑赚不到多少钱，日子难过得很啊！现在大家很少建木房子，他们都喜欢砖房。我儿子带着我的孙子一起去浙江工厂里打工了，他们回来说在一个汽车配件厂工作。

访谈 3

　　访谈时间：2019 年 11 月 19 日

　　访谈地点：增冲侗寨

　　访谈对象：当地居民

　　问：您好，请介绍一下增冲鼓楼的历史。鼓楼上有牛皮鼓吗？

　　答：增冲鼓楼建于清朝，这座鼓楼已经有上百年了。你看，那时候的工艺多厉害，能把鼓楼建得那么高，那么漂亮。在我小的时候，有一年村寨起火，差点把这个鼓楼烧了。幸好官兵过来帮忙，救得快，才没有遭殃！从我生下来我就在鼓楼里玩耍，我们的鼓楼上有一个牛皮大鼓。我小的时候，寨里有重要的事情会敲鼓，现在很多年都不敲了。

问：那当年什么时候敲鼓？现在为什么不敲鼓了？

答：开会、斗牛、村民们一起商议大事都会敲鼓。现在生活水平高了，改用广播通知了。

问：既然鼓楼怕火，为何大家还在鼓楼里烤火呢？万一再一次不慎起火怎么办？

答：因为增冲鼓楼是省级文物，我记得从那次村寨着火以后，我们寨子便禁止村民在鼓楼里烤火，但是禁止烤火一年以后，发现鼓楼上面的框架结构开始松动。鼓楼是杉木建的，那么多年了，木材里会有虫子，我们烤火的烟能够把虫子熏死。后来政府就又允许我们烤火了。我们村寨排了值班表，每天晚上有人在鼓楼守夜，防止再次发生火灾。

问：增冲鼓楼一开始就选址在这里吗？

答：最早的时候不是在这里，是在离这里大概 100 米的位置，当时祖先们已经用青石板给鼓楼打好了地基，但是，后来又请风水大师卜测，说建在现在这个位置更好，因此就建在这里了。一会儿我带你去看，之前的青石板地基还在。

问：你们寨子什么时候祭萨岁？萨坛有专人看管吗？

答：我们寨子过年的时候祭萨。我们的萨坛又叫作圣母坛，由鬼师专门照看。鬼师是家传的，而且是传男不传女。圣母坛平时都是锁着的，不允许外人进去，只有鬼师有钥匙。

问：我看到你们村寨风雨桥边有两只石狮子，请问这石狮子是用来干什么的？

答：石狮子是我们祖先用来守护村寨风水的。听老人们讲，很久以前我们寨子对面的山上野兽很多，经常伤人、伤害家畜，害得我们村寨鸡犬不宁，后来寨子里的老人们想了一个办法，放两只石狮子在这里，野兽就不敢来了。

问： 你们的风雨桥旁边有两只石头雕的鸡，这是有什么讲究吗？

答： 听村寨里的老人家讲，这两只石鸡是用来保护我们村寨龙脉的。因为我们村寨不远处有一座山脉的外形长得像蜈蚣，蜈蚣是害虫，它会下山来冲断我们的龙脉，而鸡是吃蜈蚣的。石鸡在这里把守，一旦蜈蚣过来，石鸡就会把它消灭掉，保护我们村寨的龙脉不受侵犯。

访谈 4

访谈时间：2019 年 11 月 20 日

访谈地点：大利侗寨

访谈对象：杨成方（寨老）

问： 请问这座四合院是您的家吗？

答： 是我家。我今年 88 岁，这是我的父亲辈建的，当时因为家里人多，想着把房子建多一些就可以住下了。房子已经有 100 多年了。

问： 我看到在石板路边草丛的围栏上隐藏着两条蛇的石雕，这有什么故事吗？

答： 几十年前我们大利侗寨特别富有，但是自从我们村寨的背后修了一条通往榕江县城的石头铺的大路之后，经常有外面的土匪来袭击村寨，所以老人们认为这条路很凶险。我们的祖先请来风水先生帮村寨看风水，风水先生说是因为这条石板路像蜈蚣，所以对着这条石板路要放两条石头雕刻的蛇来吞掉蜈蚣。但是蛇不能直接把蜈蚣吃掉，所以我们在石板路中间路段的两旁放了两个石雕蛤蟆，寓意只要蜈蚣一进我们村寨就会变成癞蛤蟆，这两条石蛇会把蜈蚣变的癞蛤蟆给吃掉，在靠近村寨的路边又放了两个石雕兰花，代表着凶险的事情被化解了，大吉大利。这也是我们村寨为何叫作大利侗寨的原因。

访谈 5

访谈时间：2019 年 11 月 20 日

访谈地点：大利侗寨

访谈对象：当地居民

问：您有多大年纪？是这个寨子的人吗？

答：今年我 75 岁了，我就是这个寨子里面的，除了上山、下田就从来没有出过寨子。以前交通不方便，没办法出去，现在交通方便了，但年龄大了，也不想出去了。

问：你们这个房子盖多久了？盖房的时候有讲究吗？

答：我有 2 栋房子。这边这栋房子有几十年了，是我父亲留给我的，中间我维修过，还是保持原来的样子；另外一栋在村头，是前年帮我小孩盖的。我们这里的房子都是用杉木建的，讲究很多。我年轻的时候经常帮助寨子里的村民盖房子，这些讲究多少知道一点。建房子前选址的时候要看风水，我建新房子的时候，找的是隔壁寨子的风水师，他帮我选的地方。我的想法是挨着我这个老房子建，和孩子离得近一些。但风水师告诉我，风水宝地已经被我这个老宅占了，在旁边建房风水不好，风水师就帮我看了村头的宅地，说那里的风水好。我们就开始准备材料，找掌墨师设计房子，整理木料。掌墨师的讲究就更多了。他们从开始做排扇、凿孔、立排扇，到上宝梁都有仪式，有时候嘴里还念叨什么词，也听不懂。还有一些仪式需要我们做，但我们大多数人都不知道怎么做，只有掌墨师清楚，让我们杀鸡、在排扇上贴对联，还让我们准备稻谷什么的，这些东西都是掌墨师举行仪式用的。

问：您刚才说年轻时还参加过建房子，那您参加过鼓楼、风雨桥建设吗？这些有讲究吗？

答：我都参加过的，维修鼓楼、风雨桥，新建鼓楼、风雨桥我都参加过。建造鼓楼、风雨桥比我们自己盖房子讲究多多了，因为鼓楼和风雨桥都是为了让神灵保护我们才修建的。建鼓楼选择地址要比民居严格得多，不但风水师参加，村里面的鬼师、寨老都要参加。一般建鼓楼在有寨子之前就要准备了，因为要先建鼓楼才能开始建寨子，整个寨子是围绕鼓楼建设的。也就是说建新寨子前就有鼓楼了，不过现在新寨子建得比较少了。现在新建鼓楼都是某个寨子的鼓楼因为火灾或者其他原因损毁了，需要重建或者维修。当然了，现在有的寨子富裕了，会再盖新的鼓楼，来显示他们寨子的实力。新建鼓楼用的杉木都是寨子里村民砍的自家杉树，村民愿意用自家杉木盖鼓楼。有时候会发生争端，原因是都想用自家杉木当作"通天柱"，这样神灵就会更加保护自己家。有时还会因为杉木的用途打架呢。风雨桥的建设仪式和鼓楼差不多，但是选择地方比较讲究，因为风雨桥不但用于寨子与外面通行，还有守护寨子的作用。

访谈 6

访谈时间：2019 年 11 月 20 日

访谈地点：大利侗寨

访谈对象：杨胜和（掌墨师）

问：您今年多大年纪？做掌墨师多久了？

答：我今年 88 岁。做掌墨师是从小就开始的，因为我父亲就是掌墨师，我记事的时候就开始跟父亲学习做掌墨师了。

问：那您建了有多少房子、鼓楼和风雨桥了？

答：从来没有算过，有多少我自己也不知道，谁家建房子过来找我，只要有时间，我都会去的。我不但在自己村里建，其他村寨也会来找我，让我过去帮忙设计建房子。鼓楼和风雨桥我也建了很多，重新建鼓楼、风雨桥，或者翻新我都干过。主家需要什么形式，只要告诉我，我就知道怎么建了。

问：鼓楼、风雨桥和戏台上有很多装饰，都是什么意思啊？

答：这些装饰首先就是好看，我们侗族鼓楼、风雨桥、戏台建设在整体颜色上是大致相同的，但是在装饰上是有区别的。上面画什么图案、雕塑做成什么样子，都与我们祖先留下的传统相关。比如鼓楼层数只能是单数、鼓楼底座一般为双数，这样就阴阳平衡了。图案的内容一般是我们侗族人向往的一种精神或者我们侗族人本身具有的一种精神。比如我们侗族人比较团结，图案内容可能就会有共同劳动的场景。再如我们侗族人崇拜英雄，图案上也会出现英雄人物形象。虽然雕塑形态各异，但内容大致相似，比如鼓楼上一般都会有龙、凤、鱼、鸟以及各种神兽，这些神兽代表了我们侗族人崇拜它们，它们都是神灵，可以保护我们。比如说鱼，鱼在生活中为我们提供了食物，它就是神灵，如果没有鱼，我们的生活就会出问题。

问：现在大家都盖砖瓦房了，建侗族传统建筑的还多吗？

答：现在的确存在这个问题，好多传统的木质房子都消失了，因为砖瓦房比较结实，生活方便。木质房子不能洗澡，因为木头泡水就完了，也怕火。所以砖瓦房越来越多，木质房子越来越少。风雨桥也存在这个问题，老的风雨桥随着时间的流逝，成了危桥，政府或者村里就不让用了，会重新维修，政府也会帮助建桥，但一般建的都是石桥，上面会用木材进行装饰，保留以前的传统。鼓楼一般不会有什么变化，就是重新建设材质也不会变，因为都是村民自发建设的，政府一般不会过问。

问：那现在有什么保护措施吗？

答：保护措施也有，政府现在考虑的是如何利用这些传统建筑发展经济，也就是说保护和经济发展共同进行。我也觉得这种措施比较好。政府将鼓楼、风雨桥、戏台列为县级、市级、省级甚至国家级文物保护单位，谁破坏谁就会受到处罚。有些年轻人也看到商机，将自家房子改造成旅馆、饭馆，让旅游的人休息、吃饭，不但保护了我们的传统建筑，还挣到了钱。

访谈 7

访谈时间：2019 年 11 月 21 日

访谈地点：从江县高增村

访谈对象：杨光锦（侗族营造技艺非物质文化遗产国家级传承人）

问：您好，我今天来拜访您，是想了解下侗族鼓楼的建造过程。您建鼓楼的时候有图纸吗？

答：没有图纸，高增寨的鼓楼是我设计建造的。当时就现场在木板上画了一个草图，后面烤火的时候那块木板就烧掉了。

问：您设计时都是怎么计算呢？

答：基本上每个构件都在心里。

问：您建了多少建筑，有过计算吗？

答：少说也有几百座，鼓楼、风雨桥、戏台、民居等，我都会建。

问：您有教过徒弟吗？他们还在做建筑吗？

答：我有十多个徒弟，在做建筑。但是最满意的只有两个。

问：您的孩子学会建房子了吗？

答：我的儿子学会了，他现在自己开古建筑设计公司，专门做木质建筑。

访谈 8

访谈时间：2019 年 11 月 21 日

访谈地点：从江县高增村

访谈对象：寨老

问：怎么样才能当寨老？您做寨老有多长时间了？

答：寨老不是所有人都能当的，要满足很多条件，年龄一般要 60 岁以上，做人要正直、公道，还要村民认为你做人品德好，处理事情公平公正、不徇私枉法，也就是说在村民当中要有一定的威望，大家认可你，才会选你当寨老。我当寨老快 20 年了，大家认为我为人不错，相信我，就选我当寨老了。一个寨子里面不止一个寨老，都有好几个，我们寨子就有五六个，大的寨子更多。

问：寨老都有什么权力？平常做什么工作？

答：现在没有什么权力了，不像以前。现在主要是寨子里面，谁家发生了纠纷，会找我们寨老调解，他们觉得我们会公平地处理。我们也愿意处理这些事，这本来就是寨老该做的事，这也是老传统了。现在作为寨老一般也没什么事了，平常就是该干什么就干什么，下田劳动，再者就是到这鼓楼里和大家聊聊天，毕竟年纪大了。以前我们寨老权力可大了，寨子里的大小事情都是我们处理。除了处理寨子里的纠纷，还要制定村里面的款约，平常还要将这些款约向寨子里的居民宣讲。如果有人违反款约，我们还要进行处罚，现在虽然国家法律体系都比较健全了，但是老百姓有了矛盾或者纠纷，还是习惯性地找我们进行处理。

问：你们处罚的时候有什么习惯性的程序或方式吗？

答：谁违反了寨子里的款约都要处罚的，我们寨子里的稳定主要靠我们这些寨老和款约，老百姓也比较信服我们。款约规定得很明白，违反什么规定，就按照规定进行处罚。盗窃、打架、强奸、杀人各项违法行为，款约都规定得很详细。我们处罚的时候在鼓楼这里处罚，让寨子里的人也都过来，告诉打架这人违反款约了，要进行处罚，这样做就是"杀一儆百"了，就像现在说的，给大家普法了。

问：那你们这里的鼓楼就有神灵了吧？

答：不但鼓楼有神灵，我们寨子的萨坛、风雨桥都有神灵的，它们可不是随随便便建设的。鼓楼就像我们山里面长的杉树，它们高高地伸向空中，就是为了敬畏神灵，鼓楼上这些图画、雕塑也都是有意义的。萨坛祭祀的是我们侗族的大英雄萨满，节假日我们都会祭拜的，祈求她保护我们寨子平安、保护我们寨民平安。风雨桥的建设，建设成什么样，建在哪个位置，都要找专人看风水，这样才能更好地保护我们寨子和寨民。

访谈 9

访谈时间：2019 年 11 月 21 日

访谈地点：高增坝寨鼓楼

访谈对象：坝寨村民

问：您多大年龄？

答：今年 80 岁了。

问：您是这个寨子的居民吗？

答：我是这个寨子的，从没有离开过，年轻的时候去过贵阳、凯里，后来一直在村里种地、干点零活。

问：你们寨子有多久了？

答：具体有多久了，我也不知道，听老辈人说有几百年了。

问：你们寨子的鼓楼、风雨桥、戏台、萨坛、禾晾这些都是谁建的？建的时候有什么讲究吗？

答：我们每个侗寨都有掌墨师的，住房都是他们设计的，他们随便找一个木板或者纸片在上面画画，画的什么我们也看不懂，反正就知道他们在帮着设计房屋。寨子的鼓楼、风雨桥、戏台一般都是专门的人设计的，这些掌墨师比较厉害，不是每个人都会的，像我们的寨子就有一个比较厉害的掌墨师（杨光锦），他还是国家级的师傅呢。他经常到别的寨子帮着设计建造鼓楼、风雨桥，他去过龙里、贵阳、榕江等好多地方。建房子、鼓楼、风雨桥都有严格的程序，在选地方的时候要看风水，看看哪个位置比较好，选好地方后主家就开始到山上砍杉木。建的时候特别有讲究，每一步都有仪式。

问：你们寨子的这些建筑都是做什么用的？

答：我们这里的这些建筑，用途都不一样的。最多的是住房，住房比较简单，一般都是两层，上层住人，一层一般不住人，用于养猪、养鸡。讲究最多的就是鼓楼了，鼓楼在以前用途可大了，寨老组织在里面开会，商量村里的大事。鼓楼上面还有一个大鼓，有事的话，直接敲鼓，村里面的男人听到鼓声后会跑过来看看有什么事。现在，有的村寨还在敲鼓，不过大多数寨子都有喇叭了，有什么事直接在喇叭上喊。鼓楼是我们村里面娱乐的地方，每年侗歌比赛、吹芦笙都会在这里举行。还有商量斗牛比赛的事，也在这里进行。我们的寨子建的地方都有河，风雨桥主要过路用，一般上面都有凳子，可以休息。戏台是唱戏用的，一般和鼓楼挨得比较近，唱戏的时候在鼓楼里面就能听到、看到。禾晾是我们晒稻子用的，我们自己都会搭，选一些阳光好的地方建。萨坛是我们祭拜的地方，节日的时候"鬼师"会带我们去拜的。

问：鼓楼、风雨桥上面的很多图案、泥塑是什么意思？

答：这些图案不是随便画上去的，每个图案都是有意义的。图案上画的内容很多，像种水稻插秧、稻田摸鱼、斗牛比赛、唱侗歌，是我们生活中经常会遇到的场景；有些是书写的文字，内容一般都是吉祥祝福的语言、侗族款约、记载建筑的历史；还有一些是我们喜欢的故事，像西游记唐僧取经、哪吒闹海、重要战争场面等，这些图像看着很乱，但都有特别的意义。像唐僧取经，象征了我们侗族人不怕辛苦，历经万难也要达到自己的目标。鼓楼上的雕塑多数都是神兽、人物，主要有龙、凤、鱼，人物一般是英雄人物。族人们认为，这些神兽都是有灵性的，能够保佑我们。英雄人物是我们学习的榜样。

问：你们喜欢住木质房子还是砖瓦房？

答：现在年轻人都出去打工了，挣了钱了，回来以后都建了砖瓦房，他们觉得砖瓦房好，房屋结实，又能防火，洗澡还方便，我自己80多岁了，住什么房子都一样。

访谈 10

访谈时间：2019 年 12 月 22 日

访谈地点：黎平县城

访谈对象：当地居民

问：你们家现在都住砖瓦房了，感觉怎么样？

答：砖瓦房比木房子好多了，现在生活都很方便，孩子也有了自己的房间。这是我们的老房子（手指着旁边的木房子），现在都不住人了，主要放一些杂物，住在里面实在是太不方便了，也不能洗澡，我们还是比较喜欢住砖瓦房。

问：建砖瓦房贵，还是建木房子贵？

答：当然建砖瓦房贵了。砖瓦房这些材料都要买，还要请人过来建，这些都要花钱的。如果建木房子，建筑材料就是自己种的树，可以省材料钱，建的时候都是村内人过来帮忙，管他们吃饭就好了，会省很多钱的。我建这个房子（砖瓦房）的时候，贷款了十来万元，现在还没还清呢。现在大家都住砖瓦房了，都是攀比的，大家都觉得砖瓦房好。

问：那你们以前的木房子怎么处理？还保留吗？

答：木房子大多数拆了，拆了木房子，在原来的宅基地上建砖瓦房。木房子拆了，能用的木头就用在砖瓦房上，不能用的就扔了、烧了。有的人家为了保留原来的木房子模样，在砖瓦房的上面又建了一层木房子，保留原来的干阑结构样式，就是个装饰，也不怎么住人的。木房子保留得应该很少了，因为我们这里离县城比较近，现在都城市化了，城市里面都是楼房，周边这些地方基本上都建起了砖瓦房。

问：那政府也没有什么措施保护这些木房子吗？

答：在这里也有一些木房子是政府保护的。长征的时候，红军到过这里，当时这里都是木房子，很多领导人在这里住了很长时间，这些木房子都被保护下来了。其他留下来的木房子，一般都是老人在住，孩子都到县城或者外地去发展了，他们没有钱建砖瓦房。

访谈 11

访谈时间：2019 年 11 月 23 日

访谈地点：归柳侗寨民居建造现场

访谈对象：建筑工匠

问：你们在这里干活有工钱吗？

答：没有工钱，是过来帮忙的。我们都是同一个寨子，怎么可能收钱。这是寨子的传统，建房、收庄稼，我们都是互相帮助的，到谁家帮工，谁家管饭就行了。无论谁家建房，大家都是互相帮忙的。

问：你们建房子的时候有分工吗？

答：我们有分工，掌墨师设计好，在现场指挥我们怎么做。在每一个木头上，都有掌墨师做的记号，哪个木头在哪个位置，木头什么用途，上面都标得清清楚楚。我们只认识部分，大部分不认识，因为排扇上的木头都差不多，长得都很像，只有掌墨师清楚。掌墨师具体怎么设计的，我们也不知道，也没有设计图纸，这些设计都在掌墨师心里记着呢。这些木材合在一起的时候，我们就根据掌墨师的指挥做工。

问：那你们建房子的时候有讲究吗？

答：我们的讲究可多了，从开始选地方建房子到房子建成都是有讲究的。建造房子选地方的时候要先找风水先生看好风水，风水师会有一定的仪式，还要作法，看选的地方适不适合建房子。如果不适合建房子，主家却建了房子，会带来厄运的。建房地址选好后，从主家上山砍树到将树带回家中，都是有讲究的。建房子的日期也会请人占卜，选择吉日开始建房。建房过程中，主要由掌墨师设计房屋，指导木材组合、立排扇、上宝梁，这些都有仪式。掌墨师会祭拜神灵、祭拜鲁班祖师，祭拜的时候祭品也有讲究，一般都会有鸡，反正建房子的每一步一般都会有仪式。

访谈 12

访谈时间：2019 年 11 月 23 日

访谈地点：占里侗寨

访谈对象：当地居民

问：您多大年纪了？在这个寨子生活多久了？

答：今年快 90 岁了，我的娘家不在这个寨子，是上面那个寨子的，同一个寨子不能成亲结婚的。我十几岁就嫁到这个寨子，在这个寨子生活 70 来年了。

问：你们当时的结婚仪式是什么样的？

答：那时候哪有什么仪式啊，都是父母安排好的。不过结婚的时候讲究很多的，一个村子里面的人都到我们家来帮忙、吃饭，要连着好几天。寨子里的人过来，也不需要拿什么贵重的礼物，一般送点糯米、鸡蛋，数量也很少。如果有人送的礼物重或者钱多的话，我们还要还礼，将家里的猪肉送给他们几斤。

问：你们这里的传统节日，女性能参加吗？都是做些什么？

答：我们这里的重要节日女性是可以参加的，节日的当天我们都会穿上侗族的衣服参加活动。节日期间男的和女的分工不同，男的一般会吹芦笙，我们女的跳舞、唱侗歌，场面很热闹。现在也举办这些活动，不过不像以前那样了，好在很多传统的仪式还保留着。